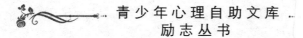

青少年心理自助文库
励志丛书

改 变

总把新桃换旧符

刘建华/著

所有的梦想，以及其他更多，
都是可能实现的，并非遥不可及。
改变自己、改变生活，一切，皆有可能！

中国出版集团　现代出版社

图书在版编目(CIP)数据

改变：总把新桃换旧符 ／ 刘建华著. —北京：现代出版社，2013.11
(2021.3 重印)

(青少年心理自助文库)

ISBN 978-7-5143-1956-9

Ⅰ. ①改…　Ⅱ. ①刘…　Ⅲ. ①成功心理－青年读物
②成功心理－少年读物　Ⅳ. ①B848.4－49

中国版本图书馆 CIP 数据核字(2013)第 276401 号

作　　者	刘建华
责任编辑	张　晶
出版发行	现代出版社
通讯地址	北京市安定门外安华里 504 号
邮政编码	100011
电　　话	010 － 64267325 64245264(传真)
网　　址	www.1980xd.com
电子邮箱	xiandai@ cnpitc.com.cn
印　　刷	河北飞鸿印刷有限责任公司
开　　本	710mm×1000mm　1/16
印　　张	12
版　　次	2013 年 11 月第 1 版　2021 年 3 月第 3 次印刷
书　　号	ISBN 978-7-5143-1956-9
定　　价	39.80 元

P 前 言
PREFACE

为什么当今的青少年拥有丰富的物质生活却依然不感到幸福、不感到快乐？怎样才能彻底摆脱日复一日地身心疲惫？怎样才能活得更真实更快乐？越是在喧嚣和困惑的环境中无所适从，我们越觉得快乐和宁静是何等的难能可贵。其实"心安处即自由乡"，善于调节内心是一种拯救自我的能力。当我们能够对自我有清醒的认识，对他人能宽容友善，对生活无限热爱的时候，一个拥有强大的心灵力量的你将会更加自信而乐观地面对一切。

青少年是国家的未来和希望。对于青少年的心理健康教育，直接关系到其未来能否健康成长，承担建设和谐社会的重任。作为学校、社会、家庭，不仅要重视文化专业知识的教育，还要注重培养青少年健康的心态和良好的心理素质，从改进教育方法上来真正关心、爱护和尊重青少年。如何正确引导青少年走向健康的心理状态，是家庭，学校和社会的共同责任。心理自助能够帮助青少年解决心理问题、获得自我成长，最重要之处在于它能够激发青少年自觉进行自我探索的精神取向。自我探索是对自身的心理状态、思维方式、情绪反应和性格能力等方面的深入觉察。很多科学研究发现，这种觉察和了解本身对于心理问题就具有治疗的作用。此外，通过自我探索，青少年能够看到自己的问题所在，明确在哪些方面需要改善，从而"对症下药"。

如果说血脉是人的生理生命支持系统的话，那么人脉则是人的社会生命支持系统。常言道"一个篱笆三个桩，一个好汉三个帮"，"一人成木，二人成林，三人成森林"，都是这样说，要想做成大事，必定要有做成大事的人脉

前
言

网络和人脉支持系统。我们的祖先创造了"人"这个字,可以说是世界上最伟大的发明,是对人类最杰出的贡献。一撇一捺两个独立的个体,相互支撑、相互依存、相互帮助,构成了一个大写的"人","人"字的象形构成,完美地诠释了人的生命意义所在。

人在这个社会上都具有社会性和群体性,"物以类聚,人以群分"就是最好的诠释。每个人都生活在这个世界上,没有人能够独立于世界之外,因此,人自打生下来,身后就有着一张无形的,属于自己的人脉关系网,而随着年龄的增长,这张网也不断地变化着,并且时时刻刻都在发生着变化:一出生,我们身边有亲戚,这就有了家族里面的关系网;一上学,学校里面的纯洁友情,师生情,这样也有了师生之间的关系;参加工作了,有了同事,有了老板,这样也就有产生了单位里的人际关系;除了这些关系之外,还有很多关系:社会上的朋友,一起合作的伙伴……

很多人很多时候觉得自己身边没有朋友,觉得自己势单力薄,还有在最需要帮助的时候,孤立无援,身边没有得力的朋友来搭救自己。这就是没有好好地利用身边的人脉关系。只要你学会了怎么去处理身边的人脉关系,你就会如鱼得水,活得潇洒。

本丛书从心理问题的普遍性着手,分别论述了性格、情绪、压力、意志、人际交往、异常行为等方面容易出现的一些心理问题,并提出了具体实用的应对策略,以帮助青少年读者驱散心灵阴霾,科学调适身心,实现心理自助。

本丛书是你化解烦恼的心灵修养课,可以给你增加快乐的心理自助术。会让你认识到:掌控心理,方能掌控世界;改变自己,才能改变一切。只有实现积极的心理自助,才能收获快乐的人生。

C目 录
ONTENTS

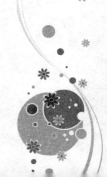

改变——总把新桃换旧符

2

第六篇　转变观念，行动开创成功

3

目

录

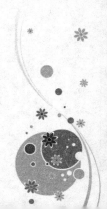

第一篇　掌握方法，知识改变命运

　　学习应该成为我们整个人生的第一需要。有位作家说过，学习是一个人真正的看家本领，是人的第一特点，第一长处，第一智慧，其他一切都是学习的结果，学习的恩泽。学习可以使人生价值得到最充分的展现。那么，是否要把所有的知识都学到才能改变命运呢？社会生活是多姿多彩的，需要我们学习的知识也是多种多样的。

　　卡耐基的话令我们警醒："这个新时代充满了残酷的替代选择。对于那些拥有知识的人来说，新时代是一个充满机遇的世界；对于那些没有知识的人来说，当原有的工作消失，原有的体制瓦解时，他们将面临失业、贫穷、绝望的前景。"

掌握了知识就掌握了命运

　　古人很早就告诉我们知识的重要性。曾用"书中自有颜如玉,书中自有黄金屋,书中自有千钟粟"来说明读书成才的好处,不知有多少仁人志士在这四句话的启发下改变了命运,实现了抱负。

　　如今,我们已经迈入了21世纪。21世纪是知识经济时代,科技是第一生产力。当今,知识的含金量越来越高,知识的产业化、经济化也越来越明显。可以毫不夸张地说,谁掌握了知识,谁就掌握了命运。

　　卡耐基的话令我们警醒:"这个新时代充满了残酷的替代选择。对于那些拥有知识的人来说,新时代是一个充满机遇的世界;对于那些没有知识的人来说,当原有的工作消失,原有的体制瓦解时,他们将面临失业、贫穷、绝望的前景。"这并不是危言耸听,而是当今社会的发展趋势,是时代前进的要求。

　　在市场经济下,有过求职经历的人也许会深有感触:知识的有无、深浅,面临的选择也是截然不同的。走进人才市场,人事主管要看你的文凭,测试你的素质,考察你的综合实力,择优录取,优胜劣汰。那些知识深厚,能力强的人,总是时代的宠儿。

　　卡耐基的话使我们深深感受到,要改变自己的命运,必须时时刻刻学习知识,培养自己、提高自己、武装自己。要明白,市场不相信眼泪,勇于迎接市场挑战的人,才是真正的英雄。

　　在农业经济时代,人们所依靠的最大财富是土地;到了工业经济时代,最大的财富是资源,谁拥有资源、能源,谁就拥有财富;而在知识经济时代,人们最大的财富就是知识。不仅如此,知识财富还是一个永远不会

贬值、不会丧失的财富。

作为一名职员，只要你对所从事的工作认真热情、脚踏实地、任劳任怨，而且懂得不断地学习充电，不断提高自己的素质，那么机会总会降临到你的头上。善于学习的人，生活就会给你更多的回报。

学习要有选择性，不光是学习的内容要有选择性，运用的领域也要有选择性。大千世界，无奇不有，宇宙中的自然现象，社会中的一切现象，都是人们学习的对象。学习不同的对象，其效果也不一样。

有选择地学习是一个非常复杂的学习过程，因为选择本身就是一种学习。有选择地学习，会学得更好，收获得更多。

选择就是给自己定位，给自己寻找前进的方向，为自己的生命重新注入激情。只有学会选择，人生才有主题；只有学会选择，人生的坎坷才会被踏平；只有学会选择，人生才能演奏出华彩的乐章。

有一句话说得好："先成人后成才。"这实际上说的是成功与成长的关系问题。成长就是要熟知并承担起自己的社会义务和责任；成功则是指在这一基础之上再有一番作为。成功不能等同于成长，成功是目标，成长是到达目标的道路。

在现实生活中，人们往往只追求成功，却忽视了成长。比如，当今很多家长都把孩子的未来完全寄托在高考上，认为自己的孩子上了名牌大学就成功了，而孩子其他的需求，比如感情、兴趣、自理能力等却根本不去在意。这不能不说是一种片面的做法。

事实上，能考上名牌大学并不意味着将来就是成功人士，因为现在的考试制度很难显示情商。而一旦从院校毕业进入社会，不管你是否需要应用专业知识，情商都会影响你能否取得成功。比如毅力、自我认知、情绪调控、人际关系协调等，这些是实际生活与工作中最重要的，是需要在成长的过程中慢慢培养的。

因此说，成功是相对的，每个人都有自己的成功标准，片面地定义成功是不正确的。只要能在成长的过程中享受快乐，都可谓是成功的。从幸福和快乐的角度讲，每个人的潜意识里都希望时时处处快乐幸福。我们希望快乐和幸福常伴左右,而不仅仅是获得"成功"后片刻的快乐和幸福。

综上所述,就生命的价值而言,成长比成功更重要。一个人只有成长了,知识渊博了,经验丰富了,为人豁达了,交际广阔了,成功才会水到渠成。

有个年轻人,一心想加入体育用品行业做市场业务人员。他认为能做市场是件很美的事情,可以全国各地跑,工作又自由。于是,他的朋友就给他介绍了一家他很喜欢的企业。后来,朋友遇见他,就问:"在那边做得好吗?"

"别提了,两个月跑了几个市场,一个单都没有签下来,早就从那儿出来了。"他说。

"这怎么可能呢?那个品牌还是很不错的,现在也正处于成长期呀,按说市场开拓应该不会难。"之后又问他,"那你自己对市场了解吗?对营销熟悉吗?"

年轻人顿时语塞。的确,他是很顺利地踏入了自己喜欢的行业,也如约去跑了几个市场,但因专业能力的欠缺及对品牌认知的缺乏,使他没能签下一张单。他只是一心想进入这个行业,却没有通过自身的学习积累专业经验,没有在日后的工作中实现自我的成长,因此,打开一片火红的市场对他来说依然是很遥远的事情。

由此可见,一个人可以不成功,但绝不可以不成长。成功是一个点,成长是一条线,只有沿着成长这条线走,才能找到成功这个点。遗憾的是,大多数人都不愿意去承受漫长的成长,因为他们认为成长是痛苦的,成功是快乐的。

但是从人生的意义来看,成长应该是丰富多彩的。只有不断成长,我们才能在失去和获得中感悟生命的价值。成长中的忧伤、喜悦、喧哗都是人生的宝贵经历,经历着酸甜苦辣成长起来的人,在人生的黄昏期,会感到无比自豪和愉悦,因为他们享受了成长过程中真正的感悟。

成功只是人生的一两个点,表现于外在,由别人去评论;而成长是个

持续的过程,是内在的。在成长这个过程中,我们会经历很多,感悟很多,收获很多。结果固然重要,但是沿途的经历更有意义。因为结果是一次性的,而经历则是一生的财富。因此,成长比成功更重要,我们每个人都应该好好享受成长的过程。

心灵悄悄话
XIN LING QIAO QIAO HUA

知识的不断更新为我们提供了更多选择的机会。因此,我们应该学会有选择性地学习知识,利用知识,分享知识,让所学的一切真正地为我所用,真正地发挥出其应有的效果。

走适合自己的路

"不放弃,不抛弃""锲而不舍""坚持不懈"等都是形容执着的褒义词,也有"穷则变,变则通,通则久""条条大路通罗马"等名句告诉人们,通往理想的路有很多,当一条路无法满足现状的时候,就需要变化,只有变化才可以改变困局。

不难发现,许多功亏一篑的人,就是因为缺少执着精神。没有执着的精神,就如大海中无舵之舟、水上无根之萍,只能随风浮动,顺水漂流。生活中也有许多故事告诉我们,并非是走一条道路坚持到最后就能实现理想。

在 20 世纪 80 年代的中国农村,一个高中生执着于自己的大学梦,每次考试都差几分达到录取分数线,但幸运就是不肯垂青于他。坚持考了 8 年,他还是被拒之门外,最后由于家庭贫寒,不得不放弃。

读得灰心丧气的他离开学校的那一刻,是多么的痛苦和绝望。然而,命运也就在他放弃的那一时刻有了转机。他回到农村,意外地受到乡党委的高度重视。他当了村长,接着又当了乡长、县长……一路春风得意。

可以想象,如果他还是继续"执迷不悟",最终很可能一事无成。

近年来,大学生就业成了一项艰巨的工程,政府出台了各种政策来缓解就业压力,但仍有许多大学生无法找到满意、合适的工作。报纸曾报道了这样一个个案:工科生当美编。

小马是工科专业的大学生,父母及亲戚大多从事与工科相关的工作。小马毕业后就进入了专业对口的岗位。

"尽管能在自己熟悉的行业里面工作,但我一直干得很痛苦。"小马

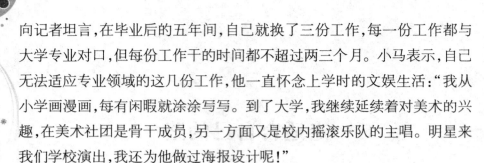

向记者坦言，在毕业后的五年间，自己就换了三份工作，每一份工作都与大学专业对口，但每份工作干的时间都不超过两三个月。小马表示，自己无法适应专业领域的这几份工作，他一直怀念上学时的文娱生活："我从小学画漫画，每有闲暇就涂涂写写。到了大学，我继续延续着对美术的兴趣，在美术社团是骨干成员，另一方面又是校内摇滚乐队的主唱。明星来我们学校演出，我还为他做过海报设计呢！"

一次偶然的机会，小马去应聘一家出版社的美术编辑职位。面试时，用人单位基本没考虑他的专业背景，而是被他自小积累的漫画作品以及美术天赋所打动。就这样，小马很顺利地通过了面试，并且在试用期后被正式录用。现在，小马负责出版社的版面编排、美术设计，以及部分文字编辑工作。小马对现在这份工作非常满意。

试想，如果小马没有放弃的勇气，那么之前的工作会一步步地将他的热情吞噬。小马的放弃并不意味着失去，而是另一种更适合自己的获得，获得了一片属于自己的天空。因此，放弃一份投入却无收获的事业，放弃那些无法胜任的职位，虽然会遗憾，但勇敢地放弃也是获得新生的开始。

有时候，学会放弃也是个不错的选择。放弃一棵树，你会得到整片森林；放弃一滴水，你就拥有整个大海。有些事情放弃了并不等于失去，当你放弃了对梦想的追求，回归现实，也许你会发现那美好的一天正等待着你，并为你敞开一扇通往未来的大门。

放弃，不是怯懦，不是自卑，也不是自暴自弃，更不是陷入绝境时的一种解脱，而是在深思熟虑后作出的一种选择。

林语堂说过："明智的放弃胜过盲目的执着。"人生的道路千万条，真的不能一条路走到黑。如果前进的路上摆着"此路不通"的标志，最好早点儿换个方向。

世间有太多美好的事物，美好的人。对于没有拥有的美好，我们一直苦苦的向往，执着地追求。为了获得，一直以为执着才是美。在经历了许多之后才明白，有些时候，有些事情，该执着的执着，该放弃的放弃，随缘便是美。因为拥有的时候，也许我们正在失去，而我们放弃的时候，也许又重新获得，对万事万物，我们都难以有绝对的把握。所以，人需要升华出安静与超脱的精神，懂得放弃，懂得珍惜，懂得取舍。

一个人要想获得幸福，走向成功，就可能要忍受比别人更多的苦难和折磨。而上帝在关闭一扇窗户的时候，会向你大方地打开一扇门。要知道，不幸是不会永远降临在一个人身上的，所以，当苦难屡屡发生在你身上的时候，你离成功就已经不远了。只要你用心坚持，最终也会得到上帝的眷顾。

一位哲人说过，任何学习，都不如一个人在受到屈辱时学得迅速、深刻、持久，因为它能使人更深入地接触现实和了解社会，使个人得到提升和锻炼，从而为自己铺就一条成功之路。

因此，换一个角度来看，我们在社会生活中所受的些许折磨，承受的各种苦难其实并不都是消极的，有些反而是促进人成长的积极因素。因为，生命就是一次次蜕变的过程，唯有经历各种各样的折磨，才能拓展生命的宽度。

折磨是人生的必修课。就像高尔基所说：苦难是人生的大学，只有读过这所大学的人才会将成功和幸福追求到底，因为他们深知苦难和折磨的滋味，所以他们内心最渴望摆脱这种折磨。

当我们经受很大折磨的时候，我们一定不要过于生气，就当那是一种别样的赐予，不要怨天尤人，不要郁郁寡欢，也不要悲伤太久，而要坚强地对那些折磨过你的人说声谢谢。罗曼·罗兰曾说："只有把抱怨别人和环境的心情化为上进的力量，才是成功的保证。"的确，只有感谢曾经折磨过自己的人或事，才能体会出生命的实际意义；只有懂得宽容曾给自己带来伤害的人，才能看见自己心胸的广阔，才能重新认识自己。

艾柯卡曾是美国福特汽车公司的总经理，后来又成为克莱斯勒汽车公司的总经理。他的座右铭是：**"不怕遭遇折磨，往往是折磨让你奋力向前。"**

想当初，年轻的艾柯卡在福特汽车公司只是一名普通的员工。后来，他凭借自己的能力当上了公司的总经理。但是，几年之后，他又被大老板福特开除了。事业一帆风顺的艾柯卡，突然间失业了。昨天他还是英雄，无数的人对他恭敬有加，今天却好像成了传染病患者，人们都远远地避开他。原来的同事、一向要好的朋友都抛弃了他。对艾柯卡来说，这是他生命中最大的打击，无异于从珠穆朗玛峰坠入深渊，几乎置他于死地。他愤怒、彷徨、苦闷，甚至想到自杀。但他最终没有向命运屈服，相反，他决心要"活出样来，给那些人看看我的能力和价值"。艾柯卡是这么说的，也是这么做的。他勇敢地站立起来，接受了一个新的挑战——应聘到濒临破产的克莱斯勒汽车公司出任总经理。

上任后的他，大刀阔斧地对企业进行了整顿、改革，并以超群的智慧从政府那里获得了巨额贷款，使这个即将走向死亡的企业重振雄风。

当然，一个人能够在折磨中走向成功，往往取决于其在遭受折磨时所持有的生活态度。人如果总是生活在顺境中，就会过于安乐，所取得的成绩也有限。而如果是生活在逆境中，而且不惧艰难，那么他的成功将是无法估量的。

有个商人因为经营不善而欠下一大笔债务，由于无力偿还，在债权人的频频催讨下，精神几乎快崩溃了，他因此萌生了结束生命的念头。

有一天，苦闷至极的他独自来到乡下的农庄，打算在仅有的时间里，享受最后的恬静生活。

当时，正值瓜熟时节，田里飘出的阵阵瓜香吸引了他。守着瓜田的老人看见他到来，便热情地摘了几个瓜果请他品尝。不过，心情低落的他，一点享用的心情也没有，但又不好意思拒绝老人家的好意，便礼貌地吃了半个，并随口赞美了几句。

然而，老人家听到赞扬，却非常喜悦，开始滔滔不绝地诉说自己种植瓜果所付出的心血与辛苦。

老人家仔细地诉说着种瓜的过程："四月播种，五月锄草，六月除虫，七月守护……"

原来，他大半生都与瓜秧相伴，付出了很多辛劳。曾经在瓜苗出土时，遭遇旱灾，但是为了让瓜苗得以成长，老人家即使每天来回挑水也不觉得辛苦。

又有一年,就在收获前,一场冰雹来袭,打碎了他的丰收梦;还有一年,金黄色的花朵开得相当茂盛,然而,一场洪水却让这一切都泡汤了……

老人坚强地说:"人生在世,少不了要吃些苦头或受气,但是,只要你能低下头,咬紧牙,挺一挺也就过去了。因为,最后瓜果收获时,仍然都是我们的。"

老人指着缠绕树身的藤蔓,对着心事重重的商人说:"你看,这藤蔓虽然活得轻松,但却一辈子都无法抬头呢!只要风一吹,它就弯了,因为它不愿靠自己的力量活下去。"

这番话让商人猛然醒悟过来。他吃完手中剩下的半个瓜,在瓜棚下的椅子上放了 100 元钱以示感激,第二天便踏着坚毅的步伐离开了农庄。

几年后,他又成了事业有成的成功人士。

其实,**每一个困难与挫折,都只是生活中必然的插曲,我们不必太过惊慌或难过,只要心里牢牢记住小时候那种不怕跌倒的勇敢精神,鼓励自己站起来,继续前进,或许下一步,我们就能踏着沉稳的步伐,朝着人生的新目标前进。**

心灵悄悄话

XIN LING QIAO QIAO HUA

第一篇 掌握方法,知识改变命运

有耕耘就会有收获,想成功就一定要付出苦心。人生就像那些在冬天里绽放的花朵,经过冰雪冷风的磨炼,才能展露迷人的芬芳。因此,要感谢折磨你的人,正是由于他们的存在,才使得你的生命充满了机遇和挑战,转折和收获。

用心享受家庭之乐

你工作得快乐吗？一个关于心理研究的网站对万名职场人士的调查显示，近九成职场人表示自己不快乐。而在众多使人快乐的因素中，家庭和睦占首位。

有位成功人士说，从幼小的时候起，就有这样一个强烈的感觉：家是一盏灯。每当夜幕笼罩，那亮起灯的地方便是家，不论昏暗，还是明亮，都能给人以温暖幸福的感觉。

家之于人，犹如灯之于夜，人没有家，就像夜里没有灯。白天，有阳光的照耀，有光明，有温暖，人们可以无忧无虑地走南闯北。到了夜晚，黑暗同清冷一同袭来，人便无助，心便凄惶。灯若是在这个时候出现，划破黑暗，把光明和温暖送到眼前，它虽然微弱，却因其珍贵而犹如饥中餐、雪中炭，给人以继续前行的勇气和力量，给人带来由衷的快乐。

一位在外工作，很少回家的女性说："我爱我的家，爱疼我的爸爸妈妈，爱我们家可爱的小公主。虽然家里不是很富裕，但是，感觉很温馨。虽然会经常有争吵，但是依然很幸福！在外工作的这些年，经常会感到孤单、失落，甚至于无助，但是，想想自己的家，想想爱我的家人，内心就会坚强无比。"

一项心理学调查表明：许多人认为因为有家的存在，生命才有意义。在家中没有高低贵贱之分，走进家门就不必再担心外面的凄风冷雨，不必再刻意地为漂泊的无助粉饰，因为这里是自己的港湾，是快乐和幸福的源泉。快乐是人类社会众望所归的最高境界，珍惜家人，用心享受家庭之乐，是每一个人最惬意的事。

家是不必担心受讥笑的地方，即使犯了错，在这里也可以得到宽容、安慰和帮助。对大人来说是这样，对孩子来说就更是如此。在家中孩子可以得到来自父母的关爱、鼓励和支持，从而能够健康快乐地成长。一个上初中的男孩说："家是我的后盾。妈妈对我说，不管我做了什么蠢事，她都会一直爱我。仅这一点就让我感到非常陕乐、幸福。"

有一些孩子在学校里因为羞怯而不愿意表现自己，但是，回到家中却可以在爸爸妈妈面前充分地展现自己。小雅在学校很"乖"，她从不当众表现自己，也从来不做令老师和同学反感的事情，遇到什么集体活动她总是默默地坐在一边当观众。可是在家里她却是最活跃的成员。一家人吃完晚饭，她会开"个人演唱会"，穿上妈妈的高跟鞋跳一跳自己编的舞蹈，披着床单走几步模特步，常逗得爸爸妈妈哈哈大笑。许多孩子表示，只有在家里，他们才敢放开自己，无拘无束；而在外面，就总是担心自己做得不够好，让别人笑话。在家里即便有人笑话，也是可以坦然接受的。因为家是他们最放松的地方，所以，他们才敢"放肆"。这也就充分说明了家是放松身心的地方，是心灵的归宿。

有爱的地方便是家。家，不需要太大的地方，也不需要有太华丽的装修，只要能避风遮雨，有温暖，有关心，有呵护就足够了。有爱才是幸福的，有家，家里有爱我们的亲人，他们牵挂我们，无时无刻不在想念我们，这种亲情的幸福和快乐是无法比拟的。

有人说："有一个美满的家庭的人是最幸福和快乐的人。"家庭是生活的起点，也是事业的动力之源。古人说：齐家，治国，平天下。如果说一个人获得事业成功享受快乐的话，那么，家庭无疑就是这种快乐的源头。

在家中，我们可以高谈阔论，自由地思考，不用担心被拒绝后会颜面无存。甚至，很多时候在家中被人糗也是快乐的。在家里听爸爸那难听的歌声，妈妈那无休止的唠叨，有时候也会偷偷发笑，并从内心感觉到那是很快乐、很温馨的事情。

有些人总觉得享受快乐是件非常奢侈的事情，需要花费很多金钱。其实，享受快乐连一分钱也不需要花，相反，许多美好的东西花再多的钱

也买不到。试想，与自己的家人看一场电影，流连于海堤和河岸，徒步游览家乡的山川，与家人享受亲密的时光，用自己的双手为爱人做一盘小菜，这些需要很多钱吗？当然不需要。这些需要的只是家人能和和美美、亲亲密密地在一起共同度过而已。

幸福和快乐就是这么细碎而不起眼，所以，不要忘记，在你快乐时把你的快乐告诉你的家人，让大家都为你的快乐而快乐，让你的快乐营造愉悦的氛围，让家里充满欢快的笑声。

血缘关系是由婚姻或生育而产生的人际关系。如父母与子女的关系，兄弟姐妹关系，以及由此而派生的其他亲属关系。它是人先天的与生俱来的关系，在人类社会产生之初就已存在，是最早形成的一种社会关系。

心灵悄悄话
XIN LING QIAO QIAO HUA

> 血缘效应是指在人际关系中，由血缘的凝聚力与综合力而引发的一系列的社会效应。血浓于水，血缘效应是一种生物本能。在所有社会心理效应中，除了有关两性关系的个别效应外，血缘效应是最原始、最低级、最本能的心理效应。

感恩获得好心情

有的人活在这个世界上觉得是不快乐的,但是,面对生活,我们每一个人都应该努力地使自己更快乐,这就需要我们在生活中始终保持一颗感恩的心。心怀感恩,你会意外地发现:拥有一份好心情真的很简单。

"不快乐"是压在现代人心头的"病",它像瘟疫一样蔓延在各个角落,影响着人们的心理健康。其实"不快乐"的原因极有可能源于我们始终没有找到一颗感恩的心。因为快乐其实始终潜藏在我们的身边,只不过没有感恩之心的人会对它始终视而不见而已。

感恩是什么? 一般意义上的解释为"对别人的帮助给予感激"。推而广之,感恩是对外界施予自己的恩惠和自己给予自己的恩惠表示物质上或是精神上的感谢。感恩是一种责任意识,自立意识,自尊意识和健康心理的体现。

人的一生,离不开父母的养育、老师的教育、朋友的帮助、单位的知遇和社会的关爱。在人际交往中,"受人滴水之恩,当涌泉相报",是一种典型的感恩心理,也是我们从小就接受的做人的道理。毋庸置疑,拥有这种感恩心理的人都是真诚善良、胸襟开阔、富有爱心、受人尊重、令人敬佩的,同时也是会享受生活,并能快乐生活的人。

人在遇到困难或身陷困境中时,接受了别人的帮助与恩惠,往往会心存感激,并时刻铭记在心。这种人会带着感恩的心理走进生活,融入社会,随时准备以爱心回报生活、回报社会。这种人在生活中是幸福的,也是快乐的。

生活给人带来挫折的同时,也会赐予人坚强的品质。当然,这还要看这个人有没有一颗包容的心，愿不愿意来接纳生活的这种恩赐。酸甜苦辣不是生活的追求，但一定是生活的全部。试着用一颗感恩的心来体会，我们会发现不一样的人生。不要因为冬天的寒冷而失去对春天的希望。我们需要感谢上苍，因为四季的轮回让我们饱览了许多不同的美丽风景。

生活的琐碎会在不经意间耗竭我们的热情，种种的烦恼也会在不经意间扼杀我们的快乐。在生活中计较太多，其实也会失去很多。因为计较得多了，心灵的负担就会加重，失望、生气、悲伤、愤怒等种种不良的心理情绪就会占据我们心灵的空间将快乐挤走，实在是得不偿失。

学会感恩，就不要计较你给了别人多少，而要记住别人给予你多少；不要记恨别人对你的诽谤与诋毁，要感恩于别人对你的关心与帮助。把微笑送给打击你最深的人，你会体验到更美更有意义的生活。

感恩是积极向上的思考和谦卑的态度，它是自发性的行为。当一个人懂得感恩时，便会将感恩化作一种充满爱意的行动，实践于生活中。一颗感恩的心，就是一个和平的种子，因为感恩不是简单的报恩，它是一种责任、自立、自尊和追求一种阳光人生的精神境界。

常怀感恩之心，我们便能够无时无刻地感受到家庭的幸福和生活的快乐。感恩是爱和善的基础，我们虽然不可能变成完人，但常怀着感恩的情怀，至少可以让自己活得更加美丽，更加充实和快乐。

一个懂得感恩的人内心是幸福和满足的。感恩的心扉如同原野上的满天星，在生活的底子上虔诚地绽放，美丽而夺目。敞开心胸豁达地想一想：没有悲苦，哪有快乐？没有琐碎，哪有轻松？没有分离，何来相遇？万事万物都是相辅相成的，明白了这些道理，便能真正体味个中的真谛。正是因为短促而不可知的生命旅途中有太多的烦闷与不平，所剩那少许的愉悦方显得弥足珍贵，并且才更要用心地经营，使它开出芬芳的花朵。因而，请记得要感恩地生活。怀一颗感恩的心，将会使我们看到生活中更多的美好，会使我们感受到更多的发自内心的快乐。

不要忽视每一道清晨的阳光，因为它带给我们每一天新的希望；不要忽视每一缕和煦的清风，因为它给我们带来了惬意的凉爽；不要忽视每一张对我们展开的笑颜,因为它让我们的心也因此变得更加敞亮。当我们的每一天乃至一生都在感恩的心情中度过,那还有什么苦恼不会变成幸福和快乐呢?

1993 年,加利福尼亚大学欧文分校的戈登·肖教授进行了一项实验。他们让大学生在听完莫扎特的《双钢琴奏鸣曲》后马上进行空间推理的测验,结果发现大学生们的空间推理能力发生了明显的提高。他们将这种现象称作"莫扎特效应"。

心灵悄悄话
XIN LING QIAO QIAO HUA

　　莫扎特效应启发人们从多个角度思考促进脑功能发展的途径和方法,并使人们日益认识到欣赏音乐等传统上被视为"休闲"的活动在脑的潜力开发中可能具有一定的价值。

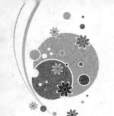

证明生命的价值

有人说，世间最容易的事就是坚持，最难的事也是坚持。说它容易，是因为只要愿意做，人人都能做到；说它难，是因为真正能够做好的，终究只是少数人。

我们每个人都有自己的梦想，能够最终实现的却不多。不是因为现实太可怕，而是我们付出的还不够多。毕竟，没有坚定的信念和意志，没有持之以恒的毅力，要实现最终的理想是很艰难的。

在追求理想的过程中，难免会遇到困难，这个时候，大多数人总会为自己找借口，总是容易半途而废，这样，实现理想就成了一句空话。

"水滴石穿"这个成语众人皆知，意思是说小小的水滴也能把石头滴穿。目标专一而不三心二意，持之以恒而不半途而废，就能实现美好的理想。的确，只要在确定了合适的目标后锲而不舍地努力，没有什么事做不成。

瑞典一位化学家在海水中提取碘时，似乎发现了一种新元素，但是面对烦琐的提炼与实验，他退却了。当另一位化学家用了一年的时间，经过无数次实验，终于为元素家族再添新成员——溴，而名垂千古时，那位瑞典化学家只能默默地看着他人沉浸在胜利的喜悦之中，独自品尝着因放弃而与成功失之交臂的苦涩。

可以说，每个成功者的背后都有一些与众不同的经历。但是，成功者一般都有一个同样的特点，那就是无论做什么事情都不会半途而废。

东汉时，河南郡有一位贤惠的女子，人们并不知道她叫什么名字，只知道她是乐羊子的妻子。

一天，乐羊子在路上拾到一块金子，回家后把它交给妻子。妻子说："我听说有志向的人不喝盗泉的水，因为它的名字令人厌恶。也不吃别人施舍的食物，更何况是拾取别人失去的东西？这样会玷污自己的品行。"乐羊子听了妻子的话，非常惭愧，就把那块金子扔到野外，然后到远方去寻师求学。

一年后，乐羊子归来。妻子跪着问他为何回家，乐羊子说："出门时间长了想家，没有其他缘故。"妻子听罢，操起一把刀走到织布机前说："这机上织的绢帛产自蚕茧，成于织机。一根丝一根丝地积累起来，才有一寸长；一寸寸地积累下去，才有一丈乃至一匹。今天如果我将它割断，就会前功尽弃，从前的时间也就白白浪费掉了。"妻子接着又说："读书也是这样，你积累学问，应该每天获得新的知识，从而使自己的品行日益完美。如果半途而归，和割断织丝有什么两样呢？"乐羊子被妻子说的话深深感动，于是又去完成学业，一连七年没有回过家。

坚持到底就是胜利。在人生的道路上，失败和挫折总是难免的。当你遭遇某种困苦的时候，千万不要轻言放弃，否则，就看不到前方那片亮丽的风景了，而且，也是对自己生命价值的藐视。

传说在很久很久以前，知了不会飞。一天，它看见一只大雁在天空中自由飞翔，很是羡慕，于是就请大雁教它飞翔。大雁答应了。

大雁一步一步地教它，说："你把翅膀抬起，用力扇动来练习力气，等翅膀有力了，自然就会飞了。"过了几天，知了对这单一的动作不耐烦了，心不在焉。大雁看出了它的心思，说："想要学习某样本领，就要不怕苦、不怕累，持之以恒，不要半途而废。"但知了对这些话一点都听不进去。大雁用了很多激将法，都只取得了暂时的效果。过了几天，知了又开始不耐烦了。大雁看了，摇了摇头，飞走了。

知了艰难地爬到树上，气喘吁吁，满头大汗。大树对知了说："你学会飞的本领，来我这儿就不费吹灰之力。而且可以飞遍整个森林，从这棵树飞到那棵树。"知了听了这话，不好意思地又去找了大雁。

大雁原谅了它，又开始教它。知了起早贪黑，不辞辛苦，一心想学会飞。它持之以恒，不怕苦、不怕累，努力地学着。过了几天，它不费吹灰之力，就能飞到树上，并且能从这棵树飞到那棵树了。它非常高兴，不停地发出鸣叫声。从此以后，它的家族也有飞翔的本领了。

我们每个人在生命进程中的每个不同阶段可能会有完全不同的处境，但不论身处何种处境，都要坚定不移地向着自己的目标迈进。

人生的志向并不是超越别人，而是超越自己。可以说，一个人追求的目标越高，他的才智就发展得越快，对社会就越有益。

在竞争日益激烈的现代社会，要想做一个常胜将军，秘诀只有一条，那就是随时思考、改进自己。我们现在所处的时代，不仅要求你做好本职工作，更重要的是，希望你随时去思考，运用你的判断力，以组织利益为前提采取行动。身处当今时代，我们要时刻提醒自己，任何工作都有"更进一步"的可能。

坚定不移的积极心态是化思考为力量的源泉，是突破自我限制、创造人生新境界的原动力。有了积极的心态，就等于为自己的人生点亮了一盏成功的心灯。

纳迪亚·科马内奇是第一个在奥运会上赢得满分的体操选手。

在接受记者采访的时候，纳迪亚·科马内奇说："我总是告诉自己'我能够做得更好'，不断鞭策自己更上一层楼。要拿下奥运金牌，就要比其他人更努力才行。我有自创的人生哲学，那就是'别指望一帆风顺的生命历程，而是应该期盼成为坚强的人'。"

爱默生说："自信是成功的第一秘诀。"自信能够产生一种巨大的力量，它的确能推动我们走向成功。

美国学者查尔斯 12 岁时，在一个细雨霏霏的星期天下午，他在纸上胡乱画，画了一幅加菲猫的画，是当时大家所喜欢的喜剧连环画上的角色。他把画拿给了父亲，虽然这样做有点鲁莽，因为每到星期天下午，父亲就拿着一大堆阅读材料和一袋无花果独自躲到客厅里，关上门去忙他的事。他不喜欢有人打扰。

但这个星期天下午，父亲却把报纸放到一边，仔细地看着这幅画，说：

"棒极了,查尔斯,这画是你自己画的吗?""是的。"

父亲认真打量着画,点着头表示赞赏,查尔斯在一边激动得全身发抖,因为在他的记忆中。父亲几乎从没说过表扬的话,很少鼓励他们五兄妹。

看完后,他把画还给查尔斯,说:"你在绘画上很有天赋,坚持下去!"从那天起,查尔斯看见什么就画什么,把练习本都画满了,对老师所教的东西却毫不在意。

父亲不在家的日子里,查尔斯时常给父亲寄去一些他认为可以吸引父亲的素描画并盼望着父亲回信。父亲很少写信,但当他回信时,其中的任何表扬都能让查尔斯兴奋几个星期,他相信自己将来一定会有所成就。

在美国经济大萧条那段最困难的时期,父亲去世了。除了福利金,查尔斯没有别的经济收入。17 岁时,他只好离开学校。受到父亲生前话语鼓励的他画了三幅画,画的都是多伦多枫乐曲棍球队里声名大噪的"少年队员",并且在没有约定的情况下,他把画给了当时多伦多《环球邮政报》的体育编辑迈克·洛登。第二天,迈克·洛登便雇用了查尔斯。

在以后的四年里,查尔斯每天都给《环球邮政报》体育版画一幅画。那是查尔斯的第一份工作。以后,他的成就越来越大。可以说,正是父亲的鼓励给他带来了自信,成就了查尔斯的事业。

心灵悄悄话

XIN LING QIAO QIAO HUA

人应该不断追求,不能因为现在的一切都很稳定,就满足了。"最好"是不存在的,任何时候都要想到"更好",那是可以把握的。

第一篇 掌握方法,知识改变命运

一路向前

如果在催眠过程中告诉某个害羞、怯懦、冷漠的人，让他相信或自认为是一个胆大、自信的演说家，他的反应模式便会立即改变。他此时此刻相信自己能做到什么，他就能做到什么。他的注意力完全交给了想要实现的积极目标，而根本没有考虑过去的挫折。

多萝西娅·布兰迪在优秀图书作品《醒来并活着》中讲述了这一观点，并阐释了怎样使她成为一名成功、优秀的作家，以及如何开发、利用她自己从不知道的才华和能力。在目睹一次催眠演示之后，她既觉得好奇，又感到吃惊。后来，她无意读到心理学家 F. M. H. 迈尔斯写过的一句话。她说，这句话改变了她的一生。迈尔斯的这句话解释说，催眠主体展示出的才华和能力，应归功于在催眠状态下对过去失败的"记忆清洗"。如果人在催眠状态下能做到这一点（多萝西娅·布兰迪不禁扪心自问），如果普通人身上具有的天赋、能力和力量，仅仅因为对过去挫折的记忆而受到阻滞、得不到利用，那么，为什么一个人在清醒状态时，却能通过无视过去的挫折、"表现得像绝不可能失败一样"，从而能够运用这些同样的力量呢？她决定一探究竟。行动的前提是：那些力量和能力是实实在在的，只要她勇敢向前，表现得"像它们真的存在一样"，而不是怀着试探之心、猜测之意，那么她就能运用这些力量和能力。不出一年，她的作品数量猛增，销售量也翻了几番。另一个让人惊奇的后果是：她发现自己在公开场合演讲的能力突飞猛进，成了一名炙手可热的演说家，而且对演讲乐此不疲。相比之下，此前她不仅没体现出丝毫演讲才华，还恨透了在公开场合讲话。

有了本书诸多章节中描述过的那些心理暗示练习,再加上为期12周的心理暗示课程中提供的更具体、更复杂的精神训练,就会帮助你凭自身想象"像梦想成真一样去做事",并鼓励你反复地、创造性地那样做。

在《赢得幸福》一书中,贝特朗·罗素写道:

我并非生下来就幸福。小时候,我最喜欢的歌曲是:"厌倦了尘世,尘世充满了我的罪孽。"……长到少年时,我憎恨生活,始终处在自杀边缘,然而自杀念头却被进一步学习数学的愿望所阻止。如今,恰恰相反,我享受着生活,几乎可以说,每过去一年,我就更热爱生活几分……这主要是因为我越来越不那么过度关注自己。像其他受过清教徒教育的人一样,我也有反省自己罪过、愚行和缺憾的习惯。我把自己看成一个可怜人,而这无疑是应该的。慢慢地,我学会了对自己、对自己的缺点漠不关心。我开始将注意力更多集中在外界物体上:世界的状态、知识的各种分支、让我产生好感的个人等。

在同一本书中,他描述了自己通过什么方法改变建立在错误信念上的自动反应模式:

通过运用正确技巧来克服潜意识幼稚的暗示,甚至改变潜意识的内容,都是完全可能的。只要你开始因为某件事感到懊悔,而你的理智告诉你这件事其实并不坏,此时,你就应分析之所以懊悔的理由所在,并清清楚楚地查明这种懊悔心理的荒谬之处。让有意识信念生动起来、强烈起来,以至于它们能给你的潜意识留下强烈印象。强烈到足以与婴儿时期保姆或母亲给你留下的印象相抗衡。不要满足于理性时刻和不理性时刻间的相互交替。深入观察不理性的一面,下决心不去看重它、不让它支配你。无论何时,只要它将愚蠢的想法和情绪灌输到你的意识当中,都要对其斩草除根,分析它们然后拒之门外。**不要听任自己当一个优柔寡断的傀儡,一会儿被理智摇到这边,一会儿被幼稚的愚行摇到那边……**

但是,如果某种相反的力量能成功地给某一个体幸福、并使某个人最终按一个标准去生活,而不是在二者之间摇晃,那么,此人就应该深入思考并感受理智的声音。多数人在表面上扔掉童年时代的盲目崇拜之后,

总认为事情已经完结，不必再做什么，却没有意识到这些盲目崇拜的影子仍然隐藏在看不见的地方。一个合理的信念产生时，我们应该仔细窥探它、坚持它，直到最终证明与这一新信念不一致的信念（无论后一种是什么样的信念）谬误在哪里……

一个人应该着重记住自己在理智状态下信奉什么。永不允许相反的不理智的念头顺利通过却不受到任何挑战，或者听凭这些不理智的念头支配自己（无论这样的念头是什么）。其实，这表示当自己经不住诱惑而变得幼稚时，必须努力说服自己理性起来。不过，即便这种理性非常强烈，却只会非常短暂地存在。

要想让理性思维有效改变信念和行为。就必须让内心深处的情感和渴望与其相伴。

为自己描绘你希望成为的那种人、描绘想拥有的那些东西，并假定这些设想成为可能的那一刻就在眼前；要唤起对这些目标的深深渴望，对它们充满热忱；要仔细分析它们，在脑子里来审视它们。研究下你当前的消极念头是通过哪些想法加情感形成的，如果能产生足够的情感或内心感受，你就会产生新的思想和想法，从而将过去的消极念头一笔勾销。

心灵悄悄话
XIN LING QIAO QIAO HUA

　　不停地为自己描绘某个想要的最终结果，并对其深思熟虑。这样做就会使美好的可能变得越来越真实可信；同样，与其对应的情绪，如热情、快乐、鼓舞和幸福也能自动产生。

第二篇　放低姿态，改变生活观念

人生就是选择，而放弃正是一门选择的艺术，是人生的必修课。没有果敢的放弃，就没有辉煌的选择。与其苦苦挣扎，拼得头破血流，不如潇洒地挥手，勇敢地选择放弃。

人生是艰难的航程，不会一帆风顺。当必须放弃时，就果断地放弃吧。放得下，才能走得远！有所放弃，才能有所追求。什么也不愿放弃的人，反而会失去更多。

只有当机立断地放弃那些次要的、枝节的、不切实际的东西，你的世界才能风和日丽、晴空万里。你才会豁然开朗地领悟"小舍，小得；大舍，大得；不舍，不得"的真谛。

适当的放弃就是进步

心理学把当个体所追求的目标受到阻碍而无法实现时，个体以贬低原有目标来冲淡内心欲望、减轻焦虑情绪的行为称之为"酸葡萄心理"。而当个体所追求的目标受到阻碍无法实现时，为了保护自己的价值不受外界威胁，维护心理的平衡，当事人会强调自己既得的利益，淡化追求原来目标的结果，以减轻失望和痛苦。这种心理反应被称为"甜柠檬心理"。就像狐狸找不到可口的食物，却找到一只柠檬，于是自我安慰道："这柠檬正合我的口味，我就喜欢吃。"

酸葡萄心理和甜柠檬心理都是在个体遭受挫折，无法达到目标，不能满足愿望时，为减轻痛苦和紧张，保护自尊而采取的心理防御方式。从心理健康的角度看有一定意义，在某种程度上可以起到缓解消极情绪的作用。

不管遇到怎样的失败和挫折，学会自我安慰并不表示自我贬低。一位哲学家说过：当一个人处于顺境时应该学学儒家，发扬"天行健，君子以自强不息"的精神，为事业而努力奋斗；当一个人处于逆境时，应该学学道家"清净""无为"的思想，凡事要看得淡、想得开，不要钻牛角尖，也就是要学会自己安慰自己。

宇宙间的任何事物，都是阴阳相对，正反相对，有一利必有一害，存一害必寓一利，古代著名的"福祸相依"说的就是这个道理。能从顺流中发现逆流始为智者，能从磨难中看到光明方为聪慧，得意忘形固不足取，失意忘志更应摒弃。

学会自我安慰，应经常反躬自省。工作上是否还有纰漏，能力素质是否亟待提高,待人接物是否还未做到"诚于中,坦于外",积极寻找自己的不足之处。当你发现之所以会造成这种局面,自己也有不可推卸的责任时,心理就会平衡许多,就会更容易从失败的阴影中走出来。

谁能总是一帆风顺? 谁能总是受到幸运的光顾? 当我们遭遇某些不如意,陷入困境时,不妨先自我安慰一番:大不了从头再来嘛! 即使这种机会因条件所限不可能重来,也不要紧,因为我们有信心,所以会有更多的选择和机会。

人有一个弱点,就是总不珍惜自己拥有的,而总是盯着自己没有的,从而凭空生出很多烦恼。所以,适当的放弃是非常必要的。

如今,快节奏的都市生活,激烈的职场竞争,令身处其中的人们无时无刻不承担着巨大的压力。长此以往,那些不愉快的消极情绪若得不到及时排解,超过一定的负荷,就会破坏人的心理平衡,引起心理疾病。这个时候就要学会"酸葡萄式"和"甜柠檬式"的自我安慰。对于想得到而又不可能得到的东西,不妨像《伊索寓言》中的狐狸一样,想象一下它是酸的,然后放弃。而对于自己拥有的东西,则多想一想它的好处。

在情绪不好的时候,要学会从积极的方面暗示自己。每天早晨,如果对自己说的第一句话是"没劲,又要上班",那么这一天很可能就真的没劲了,因为你已经给自己定了一个消极的情绪基调。要想摆脱这种情况,就要针对自己的不足,设计一些积极的语言来暗示自己。如情绪低落的人,可以经常对自己说"今天心情不错""我今天感觉很好";容易愤怒的人,可以暗示自己"我要冷静些,发怒是解决不了问题的。"另外,还可以改变一些行为以调节情绪,例如,改变面部表情,对自己微笑;改变行走姿势,抬头挺胸,昂首阔步等。

"甜柠檬心理"将自己内心无法接受的感觉、动机及行为归于别人,以保持自己心灵的宁静。为自己寻找"冠冕堂皇"的理由,在不伤大雅,不败坏道德的前提下,时不时地给自己来上一颗"甜柠檬"又何妨呢。

具有"甜柠檬心理"的人,百般强调凡是自己具有的东西,都是好的,这样可以减少内心的失望和痛苦。比如说,有的人天资稍差,智力平平,便安慰自己说"憨人有憨福";有人被偷了,就说"失财免灾";有的女子姿色平平,嫁个木讷寡言的丈夫,却说"这才可靠呢"！这种知足常乐的心理防御机制,不失为一种帮助人们接受现实的好方法。

当然,值得注意的是,"甜柠檬心理"若运用过度,则会妨碍人们去追求真正需要的东西。所以说,要正确运用"甜柠檬心理",这样才可以消除心理紧张,减少冲动和攻击行为产生的可能性。

金钱在道德上其实是中性的,没有褒贬之分,正当的金钱欲望也是合理的心理欲求。合法的钱财获得可以满足人的物质需求,从而改善人的生活,只要做到欲而不贪,思知足以自诫,就可以做到进退自如,超然洒脱。但不正当的所得就可能让人失去自由,甚至成为索命的毒手。

鱼见饵而未见钩,鸟见食而未见网,在柔情万种的娇媚背后,谁敢保证不隐藏着贪婪的私心和不可预见的危险？贪念的牢笼一旦打开,就像洪水决堤,一发而不可收,只会让人在这条不归路上越走越远。

有位国王,天下尽在手中,照理应该十分满足,但事实并非如此,为此国王自己也很苦恼。一天,国王走到御膳房时,看到一个厨子在快乐地哼着小曲,脸上洋溢着幸福和快乐。国王问厨子为什么如此快乐,厨子答道:"陛下,虽然我只是个厨子,但我一直尽我所能让我的妻小快乐。我们所需不多,头顶有间草屋,肚里不缺暖食,便够了。我的妻子和孩子是我的精神支柱,哪怕我带回家一件小东西都能让他们满足。我之所以天天如此快乐,是因为我的家人天天都很快乐。"

国王已经拥有很多,但从来不会满足,总想追求更多的享受。生活中原本那么多值得高兴和满足的事情,他都看不到,只是在竭力追求那些并无实质意义的欲望,不惜付出失去快乐的代价。这故事说明了"知足者贫穷亦乐,不知足者富贵亦忧"的道理。国王本来应该是快乐的,就是因为他不知足,所以才不能快乐。厨师生活艰苦,但他能知足自乐。

每当黄昏时分,有一对卖烧饼的夫妻数着一天的收入,看到比昨天又增加了几块钱,夫妻俩就会开心地笑。他们感到世界上没有比这个更加美好的事了。而正在这个黄昏,另一对腰缠万贯的富有夫妻仅仅因为所

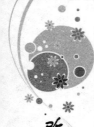

持股票的面值下降了几个百分点而饮毒自杀。其实,仅把他们留下的不动产折合成钱,也足够他们富足地过上几辈子了。

每个人都想有更多的钱,都想有更好的生活条件,这是很正常的想法,人也可以为此去努力。但钱多不一定就会使人得到快乐,为了赚更多的钱,整天劳累、高度紧张,人怎么会有快乐可言?也许经过努力得到了较好的生活条件,不足之心又使自己有了更高的生活要求,紧接着又要把更多的精力花在如何得到更多的钱财上面,这样下去,也许一辈子也不会有轻松快乐的生活。

从上面的两则小故事里我们不难领悟到,**一个快乐的人不一定是最有钱、最有权势的,但快乐的人是真正幸福的人,因为幸福的真谛就是快乐,而快乐又往往来源于知足。**

上帝拿出两个苹果,让一个男子挑选。这个男子权衡再三,终于下定决心,选了其中一个自己认为最满意的苹果。上帝含笑赐予,他千恩万谢之后离开了。

过了一会儿,他想另外一个苹果可能更好,于是反悔想去换,回头发现上帝已经不见了,于是他日夜悔恨,耿耿于怀地过了一生。上帝感叹道:"人总是期待那些未得到手的,而不好好珍惜手中拥有的,怎么可能获得幸福呢?"

我们看到,不论年轻人选择哪一个苹果,他都会想另外一个苹果,这样一来,不论他如何选择都不会满足。如果这个年轻人不再去想那个没有得到的苹果,而是好好珍惜自己手中的苹果,那么他的生活就会幸福很多。

知足、放弃贪念是一种美德和智慧。因为知足才会自觉珍惜,并倍加珍惜今天拥有的一切,从而更好地把握现在,把握未来。

当在竞争的过程中遇到困难、挫折或失败而产生烦恼时,千万不能糊涂和失去理智,更不能做出不明智的事情。此时,最好用"知足常乐"的心态去看待问题,这样才会使自己失落的心灵找到新的平衡。尽快调整心情,冷静地总结失败的教训,重拾信心,开心快乐地从头再来,这才是明智的选择。

　　与人生的快乐、健康、平安、和睦相比，功名财富实在是太易失去的东西。忙忙碌碌、追名逐利不一定能使人快乐，也不一定代表一个人的成功，唯有快乐的生活、健康的身体才是人生最大的收获。

心灵悄悄话
XIN LING QIAO QIAO HUA

　　　让我们再次记住，放弃贪念才会感到富足。看到自己的价值，珍惜当下拥有的，才能享受快乐。以这样的心态去生活，那么每天都是好日子。

第二篇　放低姿态，改变生活观念

懂得"舍小利为大谋"

谋大利是着眼于长远的目标规划，不汲汲于眼前的小利。有很多人乐意与李嘉诚做生意，因为李嘉诚会把很好的利润让给合作方。同他做生意的人多了，他的生意也就做大了。

比如企业家做善事，企业投资福利事业，把利润白白让了出去，从眼前看自然是亏。可是综观全面，企业获得了社会的尊重、好感和美誉，这自然有利于企业的长远发展。

舍小利不但是一种胸怀，一种品质，一种风度，更是一种坦然，一种豁达，一种超然。愿意吃亏、不怕吃亏的人，总是把别人往好处想，也愿意为别人多做一些。乐于舍小利的人不但能赢得好人缘，还会在道义上得到更多人的支持，为自己构筑坚实的人脉。

舍小利有两种境界，一种是主动地舍小利，一种是被动地舍小利。而主动地舍小利则是两者中的高境界。

"主动地舍小利"指的是主动去换取"吃亏"的机会，这种机会是指没有人愿做的事、困难的事、报酬少的事。这种事大部分人不是拒绝，就是不情愿，你主动去做，别人当然对你感激有加，日后若有什么好事，他都不会忘了你。

很多时候，让一分利反而得十分利，这一道理看似简单，但许多人无法克服争利之心，从而丧失了长远利益。

在一个小镇上居住着一位富翁，他取得的成就令人羡慕。一个青年人满怀崇敬之情来到了富翁的家，向他请教成功的秘诀。当富翁听青年讲完来意后，他笑了笑让青年坐下。当时正值酷暑季节，富翁从厨房里拿出了一个西瓜招待青年人。令青年人好奇的是，富翁切西瓜的方法很特别，他把西瓜切成了大小不等的三块。

富翁将切好的西瓜摆在青年人的面前说道："假如每块西瓜代表一定的利益，你会如何选择呢？""当然是选择最大的那块！"青年毫不犹豫地作出了回答。富翁笑了笑说："那好，请用吧！"于是富翁把最大的那块西瓜递给了青年，自己却吃起了最小的那块。当青年人还在津津有味地吃着最大的那块西瓜的时候，富翁已经吃完了最小的那块。接着他很得意地拿起了剩下的那块，还故意在青年眼前晃了晃，然后又大口地吃了起来。

最终，富翁吃掉了两块西瓜，而青年人只吃掉了一块西瓜，实际上富翁吃掉的西瓜分量要比青年人吃掉的多。青年人恍然大悟：富翁开始吃的那块西瓜虽然没有自己吃的那块大，可是最后却比自己吃得多。如果每块西瓜代表一定程度的利益，那么富翁赢得的利益自然要比自己的多。

吃完西瓜之后，富翁为年轻人讲述了自己的成功经历。最后，他对青年人语重心长地说：**"要想成功，就要学会放弃，只有放弃眼前的小利益，才能获得长远的大利益，这就是我的成功之道。"**

也许有的时候我们会觉得眼前的利益便是最大的，便是最好的。等我们千辛万苦地将整件事情做完后，才发现原来我们付出的成本比想象中要多，如果将同样的精力和时间去做别的事，虽然暂时的收益比较小，但是总的收益会大得多。所以，想要成就一番事业的人，必须得有战略眼光，要学会放弃。

一个人只有深谋远虑，才能从整体上进行分析和判断，顾全大局，舍小取大，才能作出正确的选择和决策。

"卡卡圈坊"是一家美国甜饼连锁店。2000 年在美国上市以后，股价在 4 年内升了 4 倍，是近年来除科技网络股以外，美国股坛上少有的一个奇迹。正如其他快餐店一样，"卡卡圈坊"除了自设店铺销售甜圈外，为了增加销售点，还大量发出特许经营店的牌照给加盟伙伴。

这样一来，"卡卡圈坊"的事业如日中天，加盟者蜂拥而上，争相抢夺

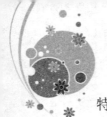

特许经营店牌照。面对众多的加盟者，"卡卡圈坊"为了追求眼前最大的利润，开始收取加盟者高昂的特许经营费及各式各样的费用。

最开始，"卡卡圈坊"确实从特许经营店中赚取了一笔可观的利润，可是，它贪得无厌，不顾特许经营店的实际情况，这就埋下了一颗失败的种子。特许经营店面对总公司的种种苛求，穷于应会，而自身所得极少，甚至不赚钱。消息传出后，令很多加盟者退却。"卡卡圈坊"由此开始亏损，股价大跌，比最高峰时跌了 8 成。

"卡卡圈坊"的失败就在于其只求自己赚够，而不懂得共生的道理。

心灵悄悄话
XIN LING QIAO QIAO HUA

　　人生之中会遇到很多十字路口，需要我们作出选择。倘若我们只盯着眼前利益，那么我们在未来付出的代价会更多。主动放弃眼前利益而保全长远利益，才是正确的选择。当我们在选择面前迷茫时，一定要保持理智和清醒，切不可被眼前的蝇头小利冲昏了头脑。

成功需要不断地改变自己

在生活中,人们常常要与"缺陷"相伴,而与"完美"擦肩。**追求完美的想法让许多人做事小心翼翼,生怕出错**。所以说,陷入完美主义情结,无异于给自己套上了枷锁,付出不少,结果却未必圆满。

完美是一个相对的概念。在一定的阶段和时间里,我们可以达到一定程度的完美,这就足够了。如果还是无休止地觉得可以做得更好,那就很可能错过最有利的时机。

小李是一名文案策划人员,她要利用一个多星期的时间写一个关于公司产品推广的系列文案,也就是要从不同的角度,宣传公司的产品。

这一系列的文案至少需要从十个角度出发,写上十几篇不同的策划书,因此她的压力非常大。有一天,她突然从文化的角度上有了一个好的创意,于是她立即动笔去写。写到一半时,她觉得在此引用一句名言会比较好。她隐约记得某位名人说过一句与此相关的话,可是却忘了到底是什么。她冥思苦想,却越想越模糊,这使得她心烦意乱,根本没有心思接着刚才的思路写下去。

她想,为了使这份文案更加完美,我一定要把那句话找出来。于是,她通过网络、书籍、咨询他人等多种途径寻找,但直到下班,她也一无所获。此时,她心情十分沮丧,根本就没有心思再写下去了。于是她收拾好东西准备回家,打算回家后继续找,第二天再来完成这份策划书。然而,等到她第二天打开文件时,她发现自己对这个角度已经毫无感觉了,写了一半的策划书就此搁浅。

我们希望把工作做得更好,甚至尽善尽美,这种想法是很好的。不过，必须记住：你首先要按基本要求完成工作，等到完成了基本工作以后，再来追求卓越，切不可因为追求完美就忘了自己的基本责任，使事情半途而废。

一个刚进公司不久的年轻人，使用一个软件的版本，该版本在网上运行了一段时间后，暴露出来一个问题，即某个判断语句少了一个判断条件，按说这个问题改起来较为简单。可是，这个年轻人兴师动众，三番五次地到测试部打探测试的步骤和原理，又几次三番地找来原设计人员，研究设计原理和思路，后来干脆抱来几大本厚厚的电脑宝典，仔细地研读起来，直到身体疲惫不堪，还没有解决问题。

追求完美有时还会演变成一种力争第一的心理。对自己要求太高，而现实达不到的时候，这些对自己太苛刻的人就会接受不了这种理想与现实的落差，严重者甚至会引发绝望的心理，走上自我毁灭的道路。

实际上，这些想把每件事都做得很完美的人并不是一个强者。他们之所以不能容忍瑕疵，是因为他们想把自己保护起来，免受他人的指责和讥讽，或者希望由此赢得他人的尊重和爱。由于他们总以理想的模式来选择、评价自己和生活中的一切，容不得一丝不足，所以常常会因为生活中的挫折而痛苦和自责，从而变得孤僻、忧郁、消沉，这使他们无法过上快乐的生活。

此时，追求完美就掉进了一个痛苦的陷阱。要想跨越这个陷阱，重要的一点是，直面自我，放弃完美，保持平和的心态。要知道，山外有山，天外有天，调整对自己的期望值，调整完美的标准，承认自己不可能是最好的，也要明白没有人十全十美，这样才能放宽心。况且，凡事只要我们付出了足够的努力，并且可以从中有所收获，就已经是最完美的结果了。

从前有个卖铜镜的人，陈列的十面镜子中只有一面磨得锃亮，其余九面都很模糊。有人问他，为什么不将镜子全部都磨亮些。他的回答是："明亮的镜子连人的雀斑都不肯放过，可大多数人并不都是标准的美人，他们不会喜欢磨亮的镜子。而模糊的镜子能够遮住一些不完美的地方，使照镜人平添一种朦胧美，所以昏镜比明镜更加畅销。"

故事告诉人们，金无足赤，人无完人，要辩证地对待个人存在的问题。毕竟，人是可以认识和操纵自己的。既要知道自己的长处，也要清楚自己的短处；既知道自己的潜能和心愿，也知道自己的局限和困难，这样就能大胆地放弃完美，接受更真实的自我。

在正确认识自己的情况下，只有放弃完美的人，才能肯定自我、发展自我。放弃完美，就会更加明白每个人的两重性是不可改变的，就能够实事求是地看待自己，也能正确理解和看待别人。放弃完美，才能树立起自信、自爱、自尊的意识，才能真正认识和确立自己的价值、选择和追求。

有一个年轻人养了一盆兰花。一天，他发现在一片叶子下露出了好几个小花蕾，他异常兴奋。就在等待花开放的时候，竟发现那含苞待放的花蕾开始有枯萎腐烂的迹象。他感到极其惋惜。

他的一个朋友告诉他，要把一些花蕾剪掉，只保留一个花蕾，否则整株花都会枯萎。起初他有些不愿意，不忍心剪掉任何一个，但经过再三考虑，他终于还是剪掉了。数月之后，他惊奇地发现留下的花蕾竟然开出了一朵又大又美丽的兰花。

现在回想一下，如果当初那位年轻人不剪掉那些小小的花蕾，他又怎能看到兰花的美丽呢？所以说，当我们盲目地追求完美时，会因为我们的痴迷而错过生命中太多美好的东西，而放弃追求完美，就意味着获得。

许多人常抱怨自己的生活不完美，这也不如意，那也不舒心，生活索然无味。其实，不完美是生活的一部分，缺陷美胜似完美，拥有缺陷是人生中另一种意义上的丰富与充实。

每个人都希望自己的生活完美，然而完美的概念在不同人的心中标准并不一样。比如，希望家中一尘不染，希望工作一帆风顺，希望经济宽裕，地位优越等。可是，一尘不染的标准是什么？一帆风顺的标准是什么？经济宽裕的标准是什么？地位优越的标准又是什么？不同的人，其标准的差异也很大。

也许，同一件事，这个人觉得完美了，另一个人却觉得有残缺。你住着平房，嫌房子窄小，想住高楼；住上了高楼，又嫌独立空间不大，想住别

第二篇 放低姿态，改变生活观念

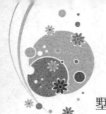
墅；住上了别墅，却嫌花园里的花草不够美丽；当你别墅的花草都很美丽了，却嫌缺少了一个宽大的游泳池；你有了很好的游泳池，却嫌游泳池的水不是恒温的……一步一步地走下去，总觉得生活中有太多的残缺和遗憾，于是，不免有一种愁绪或多或少地纠缠着自己，让自己很难快乐起来，很难寻找到真正幸福的感觉。

心灵悄悄话
XIN LING QIAO QIAO HUA

　　如果我们承认世界是残缺的，生活是残缺的，再面对存在残缺的世界，我们就不会感到受挫了。这样，世界也许就会在我们心目中慢慢变得完美起来。由此看来，放弃完美反而能够收获完美了。

有所放弃才能有所拥有

中国古代思想家庄子以"无为"为"有为",认为放弃也是一种选择。人总是要放弃一些东西才能选择一些东西,任何成功的人,大都是放弃了一些东西之后,专注于事业才取得成功的。**任何人都只有先放弃一些事,做好一件小事,才能够逐渐做成大事。**

金丹元先生在《禅意与化境》中有一则关于佛陀的传说:

梵志双手持花献佛,佛云:"放下。"梵志放下左手的花。佛又道:"放下。"梵志放下右手的花。佛还是说:"放下。"梵志说:"我手中的花都已经放下了,还有什么可再放下的呢?"佛说:"放下你的外六尘、内六根、中六识,一时舍去,舍至无可舍处,是汝放生命处。"

禅语中的"放下",不是说"什么都不要",而是告诉人们要明白自己究竟要什么,要多少。

人们常说一个人要拿得起,放得下。然而在现实生活中,"拿得起"容易得很,"放得下"却异常艰难。霓虹灯下,多少红男绿女在上演着一幕幕人间悲喜剧。这个到处充满了无言诱惑的年代,人又怎会舍得割舍掉种种欲念呢?

有一位成功的英国商人曾经苦恼地对他的心理医生诉说他的烦恼:他除了必需的工作以外,便是购买各种机械,用于维护家中的草坪喷灌系统、清洁游泳池、养护马匹和自己的汽车。但后来他发现,自己买的每一样新东西最后反而是要让自己投入更多的精力去照料它,结果自己被弄得疲惫不堪,以至于没有时间享受家庭生活。他的心理医生建议他抛开这些东西,过一种简单的生活,他却很肯定地说,这些东西都是必不可少的。

人生实在是有意思的很。有时复杂得要命,任凭我们绞尽脑汁也看不明白想不通,而有时却又如此的简单,简单到只有两个选择答案,要么取,要么舍。

明知不可为而为之,固然是一种勇气。然而,放弃又何尝不是呢? 放弃不该拥有的财富,放弃不该得到的权力,放弃不该追求的感情,放弃无谓的名和利,放弃一切心的桎梏与枷锁——放弃一切浮华的喧闹,得到的是内心永恒的宁静。这种放弃又何尝不是一种美呢?

人的一生短如烟花,转瞬间即逝。痛苦也好,幸福也罢,终究是尘归尘,土归土。国画大师刘海粟说:"宠辱不惊,看庭前花开花落;去留无意,望天上云卷云舒。"

《菜根谭》云:"进步处便思退步,庶免触藩之祸;着手时先图放手,才脱骑虎之危。"意思是说,当事业正处顺境而趋于鼎盛期,应该及早做抽身隐退的准备,以免将来进退维谷无法脱身;当刚开始做一件事时,就应当预先计划好在什么情况下罢手,以后才不至于招致危险。

在追求成功的路上,我们要防止自满自足,要懂得居安思危、处进思退。如苏轼在《赠善相程杰》中所说的:"心传异学不谋身,自要清时阅缙绅。火色上腾虽有数,急流勇退岂无人!"

唐朝郭子仪平定安史之乱的事迹大家都已熟知,但很少有人知道,这位功极一时的大将为人处事却极为小心谨慎。

唐朝末年藩镇割据,君臣互相猜忌,文臣武将人人自危。一些人因为怕引起别人的怀疑,恨不得一入深宅便与世隔绝,和谁也不相往来。

在众大臣中,唯有汾阳王郭子仪与众不同。郭府每天大门敞开,任人出入。部下的将官们来府中拜访,如果郭夫人和女儿正在梳汝,郭子仪就让这些将官们拿手巾打洗脸水,像对自家人一样支使他们。

郭子仪的儿子们也觉得父亲做得太过分了，劝他说："您功业显赫，但不尊重自己，不管贵贱都随便进入你的卧室，古代的圣人也不会这样做。"

郭子仪笑着说："你们怎么知道我的用意？我有战马500匹，部属仆从上千人，如果修筑高墙，关闭门户，和朝廷内外不相往来，倘若与人结下私怨，再有嫉贤妒能之人挑唆，那我们全家的大祸也就不远了。现在我坦坦荡荡，大门洞开，即便有人想谗言诬陷，又怎么能找到借口呢？"

郭子仪开门揖客，对一切都不存戒心的做法，果然令代宗皇帝对他深信不疑。

所以，事到得意处，便应转思退步，这是一种见好就收，豁达大度的胸怀，更是一种洞穿利害，以退让韬晦来谋求祸福转化的智能，是对利害祸福高瞻远瞩，而不执着于一时得失之中的达观。

要处进思退，有时不仅需要智慧，更要敢于付出代价，有壮士断腕的勇气，曾国藩自请解散湘军，就是其处进思退的经典之作。

心灵悄悄话
XIN LING QIAO QIAO HUA

> 处进思退并不是舍弃如荼的生活主流，更不是强求不食人间烟火的脱俗。而是一种率直的生活理性，一种近乎平淡却真挚的人生态度。

第二篇 放低姿态，改变生活观念

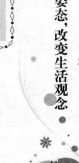

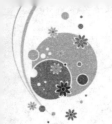

放下身份,赢得尊重

一次,英国维多利亚女王与丈夫吵了架,丈夫独自回到卧室,闭门不出。女王回卧室时,只好敲门。

丈夫在里边问:"谁?"

维多利亚傲然回答:"女王。"

没想到丈夫既不开门,又无声息。她只好再次敲门。

里边又问:"谁?"

"维多利亚。"女王回答。

丈夫还是没有动静。女王只得再次敲门。

里边再问:"谁?"

女王这次学聪明了,柔声回答:"你的妻子。"

这一次,门开了。

人与世间万物的区别就是人是无法用价值来衡量的。 依靠抬高身份并不能提升身价,人们只喜欢与自己平等的人,所以身居高位者,愈是能够放下身份,愈是能增加在别人心中的分量。

康熙皇帝即位后,为感化汉族知识分子,他颁诏天下,鼓励有才学的明朝知识分子、遗老遗少到朝廷当官。但是,中国的知识分子素来讲气节,没几个人愿意应召。

陕西总督推荐关中著名的学者李喁,可是,这个李喁却以有病为由,不肯入京做官。康熙并不介意，还对他表现出了极大的关注，派官员们不断地看望他，吩咐等他病好后再请入京。

官员们天天来探视，可是李颙卧在床上，十分顽固。这些官员就让人把李颙从家里一直抬到西安，督抚大人亲自到床前劝他进京。可李颙竟以绝食相威胁，还趁人不注意要用佩刀自杀。官员们没办法，只好把这些事情上报康熙。康熙再一次吩咐官员们不要再强人所难。

有一天，康熙西巡西安，让督抚大人转达了自己的意思，说李颙是当代大儒，想要亲自前去拜访他。可李颙却仍声称有病无法接驾。康熙没有因此大发雷霆，反而和颜悦色地表示没有关系。

其实，李颙内心早已臣服于康熙了，只是被虚名所累，还有就是以前的姿态摆得太高，一时没办法下来。于是，李颙就让儿子带上自己写的几本书去见康熙，向康熙表明态度：他是大明臣民，不能跪拜康熙；而他儿子是大清臣民，可以跪拜康熙，为康熙效力，这样既保住了自己的脸面，又回应了康熙给他的面子。

康熙召见李颙的儿子，得知李颙确实有病，也就没有勉强，只是对李颙的儿子说："你的父亲读书守志可谓完节，朕有亲题'志操高洁'匾额并手书诗贴以表彰你父亲的志节。"并告诉地方官对李颙关照有加。

康熙此举，可谓深得读书人的心。那些表明誓不降清的人，早就没那么顽固了，而那些本已臣服的人，更是乐意为朝廷效力。为求得贤才康熙放下身份给足了别人面子，实际上却抬高了自己的身份为自己捞足了面子。

真正身份高贵的人谈吐总是平易近人的，不管他们是出身贵族，还是名门之后都喜欢与平民百姓交往。低调的人不会秉承贵族阶层的恶习，他们会主动与各阶层人士交往。他们的朋友中当然不乏社会名流，但更多的是普通的园丁、仆人、农民或者是贫穷的工人。

托马斯·杰斐曾对拉法叶特说："你必须像我一样到民众家去走一走，看一看他们的菜碗，尝一尝他们吃的面包，只要你这样做了的话，你就

会了解到民众不满的原因,并会懂得正在酝酿的法国革命的意义了。"

伟大的人因为作风朴实,深入实际,才能清楚民众究竟在想什么,到底需要什么。这样,他们才能获得民间的各种情况,加深自己对整个社会的了解,获得人们的尊重和爱戴。

低调的人即使身份高贵,也不显示自己身份,不高高在上是他们的风度和修养。我们应该学习这些伟大的人的优点,即使取得了一些成绩,得到了一定的地位,也要始终把自己当作一个普通人。

低调的人愿意自己像普通人一样生活,这不仅仅可以作为对自己的一种教诲,更是一种潜心暗行的修身之道。

王永庆是台湾最大的集团——台塑关系企业集团的董事长,也是台湾工业界的领袖,更是世界闻名的富豪。

但是这位富豪个人生活却十分节俭,甚至到了令人难以置信的地步。他每天坚持做毛巾操,所用的毛巾竟有20多年的历史。家里的肥皂也是要用完为止,即使剩下一小片,他也不会丢掉,而是将其黏附在大肥皂上使用。

他一般都在公司里吃午餐,不搞特殊化,吃的都是与一般员工一样的盒饭,他喜欢边吃边听员工的汇报。

招待客人时,王永庆也并不是到豪华大饭店里去大摆宴席,而是习惯在各分公司设立的招待所里设便饭招待。

大企业里的高层管理人员一般都配有轿车,但公司出于节约考虑,处长级和经理级都没有专车。并且一旦发现下属有铺张浪费的现象,就要严厉处罚。

像王永庆这样的富豪,一掷千金对他来说根本就不算什么,但却他不求奢华,保持常人姿态,过着普通人的生活。因为真正的成功人士是不需要用奢华来衬托自己的,一个人是否成功,人们看重的不是他的外表,而是事业。

有一次,亨利·福特到英格兰去。他在机场问讯处找当地最便宜的旅馆。接待员看了看他——这是张著名的脸,全世界都知道亨利·福特。就在前一天,报纸上还有他的大幅照片说他要来了。现在他来了,却穿着一件很旧的外套,还要最便宜的旅馆。

　　接待员说:"要是我没搞错的话,你就是亨利·福特先生。我记得很清楚,我看到过你的照片。"

　　那人说:"是的。"

　　接待员非常疑虑,他说:"你穿着一件看起来很旧的外套,要最便宜的旅馆。我也曾见过你的儿子上这儿来,他总是询问最好的旅馆,他穿的也是最好的衣服。"

　　亨利·福特说:"是啊,我儿子是好出风头的,他还没适应生活。对我而言没必要住在昂贵的旅馆里,我在哪儿都是亨利·福特。即使是住在最便宜的旅馆里我也是亨利·福特,这没什么两样。这件外套,是的,这是我父亲的——但这没有关系,我不需要新衣服。我是亨利·福特,不管我穿什么样的衣服,即使我赤裸裸地站着,我也是亨利·福特,这根本没关系。"

　　至今还没有一个因为奢侈而成功的人,因为成功不在于享受了什么,而在于创造了什么,成功的意义不是去挥霍,越是富有的人往往越喜欢过平淡的生活。

　　巴菲特总是自己开车;衣服总是穿破为止;最喜欢的运动不是高尔夫,而是桥牌;最喜欢吃的食品不是鱼子酱,而是玉米花;最喜欢喝的不是XO之类的名酒,而是百事可乐。

　　比尔·盖茨不喜欢穿名牌服装,不喜欢进大酒店,出差不坐头等舱,逛街喜欢去小商店。

　　看到这些富翁过着和平常人一样的生活,我们普通的老百姓又有什么可以炫耀的呢?

45

第二篇　放低姿态,改变生活观念

也许有人认为，人生无常，只知奋斗不知享受生活的人其实很可怜，也会有人认为，为了一些身外之物弄得连命都丢了的人则很可悲。

也许你是一个大忙人，为了要获得更多的财富，你不得不劳碌奔波，苦心经营。纵然你财运亨通，但你也许已筋疲力尽，耗费了许多精神。

可是，只有生活低调的成功人士才懂得，人生之乐，不在于高官厚禄，不在于锦衣玉食，而在于平淡中的真实。追求成功是在追求一种人生价值，是在追求平常中的幸福，而不是奢华的物质生活。

大智若愚者，一般是一些道行高深之人，他们对什么事，态度总是淡淡的，一副与世无争的样子。他们或者"采菊东篱下，悠然见南山"，或者身居闹市，仍心如止水。一切功名利禄，他们拿得起，放得下。

《三国演义》中有一段"曹操煮酒论英雄"的故事。当时刘备落难投靠曹操，曹操真诚地接待了刘备。刘备住在许都，为防曹操谋害，就在后园种菜，以此迷惑曹操，放松对自己的注视。一日，曹操约刘备入府饮酒，议起谁为当世英雄。刘备点遍袁术、袁绍、刘表、孙策、刘璋、张乡、韩遂、张鲁，均被曹操一一贬低。曹操说英雄的标准是"胸怀大志、腹有良谋，有包藏宇宙之机，吞吐天地之志。"刘备问："谁人当之？"曹操说，只有刘备与他才是。刘备本以韬晦之计栖身许都，被曹操点破后，竟吓得把匙箸掉落在地上，恰好当时大雨将到，雷声大作。刘备从容俯拾匙箸，并说"一震之威，乃至于此"。巧妙地将自己的慌乱掩饰过去。刘备藏而不露，人前不夸张、装聋作哑不把自己算进"英雄"之列。他的种菜、数英雄，在表面上收敛了自己的行为，却把自己的英雄气概深深隐藏在了心中。

我们很难见到一个很有智慧的人的锐利之处，因为大智者从来不以大刀阔斧慷慨激昂表现自己，也从来不刻意显示自己有多强大的力量。因此，他也不会被强大的力量击倒。大智者虽然看似不强大，却能促成事物的成功或发展，这是因为他的柔性中潜藏着足够的变通。

美国第九任总统威廉·亨利·哈里逊出生在一个小镇上，他小时候是个文静怕羞的孩子，人们都以为他是一个傻瓜，常喜欢捉弄他。他们把一枚5分硬币和一枚1角的硬币放在他的面前，让他任意选择一个，威廉总是要那个5分的，于是大家都嘲笑他。

有一天，一位好心人问他："难道你不知道1角比5分值钱吗？"

"当然知道"，威廉慢条斯理地说："不过，如果我捡了那个1角的，恐怕他们就再也没有兴趣拿钱给我了。"

大智慧的人把聪明藏在心中，即使别人讥笑他愚蠢，也不显示出来。威廉·亨利·哈里逊在还是一个孩子的时候就能有如此深的城府，可见他真不是一个普通的人。

一般人都会想表现聪明，装糊涂似乎是很难。《菜根谭》说："鹰立如睡，虎行似病。"老鹰站在那里像睡着了，老虎走路时像有病的模样，就是说一个真正具有才德的人反而不炫耀，不显才华。

英国政治家查士斐尔爵士曾对自己的儿子做过这样的教导："**要比别人聪明，但不要告诉人家你比他更聪明。**"

心灵悄悄话

XIN LING QIAO QIAO HUA

刻意表现自己是闲人的专利，因为他们"无事"，所以总想表露自我，从而生出些"非"来。而有真正智勇的人却会沉浸于所思考的问题，他们考虑的是如何更上一层楼，而不是如何炫耀自己，所以，他们也一直受到别人的尊重。

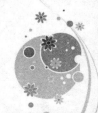

感恩生活，微笑生活

感恩是一种对恩惠心存感激的表示，是每一位不忘他人恩情的人萦绕心间的情感，是一种生活态度。要知道，我们生活在这个五彩缤纷的世界上，许多事物都对我们有着一定的恩情。

艾卡特曾说："如果在你的生命中唯一的祷词就是'谢谢'，那就足够了。" 感恩就意味着感激，意味着历数你所有的幸福，意味着留意你简单的快乐，也意味着答谢你接受的一切。它使人们更加健康，它还能减少人们的压力，对提高人们的生活质量有很大帮助。

得克萨斯州的两位心理学家做了关于感恩对于健康的作用的实验，并由此写了一篇论文。在实验中，科学家把数百人分成三个不同的组并要求所有参加实验的人每天写日记。第一组人的日记记录的是每天发生的事情，并没有特别要求是写好事还是坏事；第二组人被要求记录下不愉快的经历；第三组人被要求在日记中列出一天中所有让他们觉得值得感恩的事情。研究结果表明，每天的感恩练习使人们更加警觉、更加热情、更加果断、更加乐观和更加精神。另外，第三组的人们很少能感到沮丧和压力，他们更愿意帮助他人，并且在对人生目标的追求上取得了更大进步。

艾莫斯博士从事感恩方面的研究近十年，被普遍认为是该领域的权威。他写了一本书，叫《多谢！感恩新科学如何使你更快乐》。这本书中的信息源自一个研究，这个研究有数千人参加，其中包括世界各地的研究人员。研究成果之一是证明感恩可以提升人们25%的幸福感。如果整天发生的都是不好的事情，人的幸福感会直线下降，但是之后它还会回到人们预先设定的点上。如果有积极的事情发生,人的幸福感则会上升,然后会再次回到你的"幸福预设点"上。感恩训练可以提高"幸福预设点",这样,无论外界环境怎样,人们都可以保持一个较高的幸福感知度。

另外,艾莫斯博士的研究还发现,经常心怀感恩的人,比起不懂得感恩的人具有更高的创造能力、更快的恢复能力、更强壮的免疫系统和更广泛的社会关系。博士进一步指出:"说我们心怀感恩并不一定是说我们生活中的每件事都很好。它只是表明我们意识到我们的幸福。"

在一个闹饥荒的城市,一个家境殷实且心地善良的面包师把城里最穷的几十个孩子聚集到一起,然后拿出一个盛有面包的篮子,对他们说:"这个篮子里的面包你们一人一个。在上帝带来好光景以前,你们每天都可以来拿一个面包。"

瞬间,这些饥饿的孩子们一窝蜂地拥了上来,他们围着篮子推来挤去大声叫嚷着,谁都想拿到最大的面包。当他们每人都拿到面包后,竟没有一个人向这位好心的面包师说声谢谢,除了一个叫依娃的小女孩。她既没有同大家一起吵闹,也没有与其他人争抢。她只是谦让地站在一边,等别的孩子都拿到以后,才把剩在篮子里的最小的一个面包拿起来。她并没有急于离去,而是向面包师表示了感谢,并亲吻了面包师的手之后才向家走去。

第二天,面包师又把盛面包的篮子放到孩子们面前。其他孩子依旧如昨日一样疯抢着,羞怯、可怜的依娃只得到一个比昨天还小一半的面包。当她回家以后,妈妈切开面包,许多崭新、发亮的银币掉了出来。

妈妈惊奇地叫道:"快把钱送回去,一定是面包师揉面的时候不小心揉进去的。"当依娃把妈妈的话告诉面包师的时候,面包师慈爱地说:"不,我的孩子,这没有错。是我把银币放进小面包里的,我要奖励你。愿你永远保持一颗感恩的心。回家去吧,告诉妈妈这些钱是你的了。"她激动地跑回了家,告诉妈妈这个令人兴奋的消息,这是她的感恩之心得到的回报。

感恩是一种处世哲学,是生活中的大智慧。人生在世,不可能一帆风顺，种种失败、无奈都需要我们勇敢地面对、豁达地处理。这时，是一味地埋怨生活，从此变得消沉、萎靡不振，还是对生活满怀感恩，跌倒了再爬起来？

英国作家萨克雷说："生活就是一面镜子，你笑，它也笑；你哭，它也哭。"学会感恩，我们会拥有比别人更多的快乐。不但生活幸福感会上升，即使面对挫折失败，也能从中汲取前进的力量。

美国前总统罗斯福就是这样一个懂得感恩之人。一次，罗斯福家失窃，丢了许多东西，一位朋友闻讯后，忙写信安慰他，劝他不必太在意。罗斯福给朋友写了一封回信："亲爱的朋友，谢谢你来信安慰我，我现在很平安。感谢上帝：第一，贼偷去的是我的财物，而没有伤害我的生命；第二，贼只偷去我部分财物，而不是全部；第三，最值得庆幸的是，做贼的是他，而不是我。"

 心灵悄悄话
XIN LING QIAO QIAO HUA

　　感恩生活，将会得到生活赐予的灿烂的阳光；不感恩生活，只是一味地怨天尤人，最终可能一无所有。所以，我们要学会感恩，乐观地对待生活。

低姿态是为人处世的哲学

从辛亥革命到新中国成立前的这段时间里,清华大学的师生,特别是一些老教授、老讲师,是中国教育史上值得回眸的一个群体,当年的校园刊物中很多文章在谈论着他们,今天读起来仍然兴味无穷,从中能够感受到浓浓的人文气息,那真是一个令人流连的时期。没有一个大学生没有议论过教授,但也很少有像清华大学的学生如此大胆又如此深情地大范围、公开化地大谈特谈教授甚至是校长的。我们不得不为当时学生的大胆惊叹,更不得不为那时宽松的师生氛围惊叹。从中足见教授们谦和处世,低调做人的情怀与风范。

常言说:"以貌取人,失之子羽。"这句话好像是特别为刘叔雅先生而设的。当清华大学第一个国文班快要上课的时候,学生们喜洋洋地坐在三院七号教室里,满心想亲近这位渴慕多年的学界名流的风采。可是铃声响后,走进来的却是一位憔悴得可怕的人物。看啊!四角式的平头罩上寸把长的黑发;消瘦的脸孔安着一对没有精神的眼睛;额头高耸,双颊深陷;长头高举兮如望空之孤鹤,肌肤黄瘦兮似辟谷之老朽。状貌如此,声音呢?天啊!不听时犹可,一听时真叫我连打几个冷噤。

既尖锐兮又无力,初如饥鼠兮终类猿。一副多么不堪的形象。这是发表在 1934 年《暑期周刊》上的《教授印象记》中刘叔雅先生的画像。一位有着清新优美的文笔、绵密新颖的思想的学者,在学生的想象中该是位风流倜傥的摩登少年,至少也得是个状貌奇伟的古老先生,怎知是这副尊容!作者是真的失望吗?其实不然,他先抑后扬,马上极力抒写刘先生学问的渊博精深,对学生的恳挚,对国事的热忱,其精神的力量远远盖过了

相貌的不足，矗立着的仍然是一个可敬可爱的长者。

在学生笔下遭遇相同命运的远不止一个两个教授：

比如俞平伯先生："一个五短身材的人，秃光着脑袋，穿着宽大的衣服，走起来蹒蹒跚跚的，远远看去，确似护国寺里的一个呆小和尚，他就的的确确是俞先生么？"这是相貌与学问之不成正比。

比如陈寅恪先生："里边穿着皮袍外面套以蓝布大褂青布马褂、头上戴着一顶两边有遮耳的皮帽、腿上穿着棉裤、足下蹬着棉鞋、右手抱着一个蓝布大包袱、走路一高一下、相貌稀奇古怪的纯粹国货式的老先生从对面孑孑而来。"这是衣着与学问之不成正比。

比如冯友兰先生："口吃得厉害。有几次，他因为想说的话说不出来，把脸急得通红。那种'狼狈'的情形，使得一群无涵养无顾虑的青年人想哄笑出来。"这是口才与学问之不成正比。

还有的"汗流浃背，喘呀，喘呀，上课的工夫大半用在揩汗、摩肚皮上面"，或一开口就"唾沫星儿，一串一串地进出，又好像过山炮弹，坐在前排听讲的同学们，怎么会不大遭其殃，连声叫苦"，或"下堂了，大家还没有完全走出教室，一支烟已经又吸掉了三分之一"。这是举止与学问之不成正比。

但千万不要以为清华的学生在贬抑他们的先生，恰恰相反，他们为拥有这样看似与平常人无异而实际上是些天才们的教授而深深地骄傲，而且不论他们的外貌举止如何乖戾（当然只是一小部分），个性如何奇特，打扮如何不拘小节，却无一例外地都渊博、尽职、和蔼与可爱，是一些不会混淆、不可取代的学术泰斗。

虽面上严肃一点，而心肠是最软不过的。那是朱自清先生。

他那便便大腹，好像资本主义过剩生产，已达到了第三期的恐慌似的——瞧着瞧着，原来里面装的是一肚子的词源呀。那是杨树达先生。

有时你看到吴先生独自呆呆地立着，嘴角浮漾着轻微的笑影，那笑，无形中由苦笑而有时竟至非哈哈大笑不可的神情，但刹那间，像在荷叶上飘过的轻风，一切终归沉寂，他毕竟意识到自己是个学者，笑影俱散，剩下

52

的是那俨然不可侵犯的矜持的面相。那是吴密先生。

虽然是福建人，可是国语讲得够漂亮，一个字一个字吐得很清楚，而不显得吃力。在深刻的时候，学生没有一个敢出声的，只静心凝听，因为他的声音是有节奏的，有韵律的，能使人如同听音乐一样，有着一种内心的快感。那是陈贷孙先生。

还有一则关于国文系主任自己开汽车前往西山的消息：他自己开车，半路上掉了一个轮子，三个轮的车还一直走，及发现前面有一个轮子在滚，才知道自己的汽车掉了一轮。那是施嘉炀先生。

循循善诱的每堂课都写了许多笔记，所以同学们不爱再发出什么问题，但在真是莫名其妙时，不禁要去一问。很怪，那时的陶先生好好的面孔上又加厚了一层红云，好像是个新娘子，羞羞答答地吞吞吐吐地来答复你。那是陶保楷先生。

在学生的心目中，每个教授都是独特的，最棒的，不论是有着"两道浓黑的剑眉，一双在眼镜里闪烁的炯炯有光的眼睛"的诗人教授闻一多，如同"耶稣下蛋那天给你送东西来的北极老人"似的体育教授马约翰，还是"无论他身上哪一点，都有点儿哲学味儿似的"哲学大师金岳霖，"真个把西洋式尖头鳗的气味表现得十足"的政治系主任浦薛凤，抑或兄弟教授——"把时间权衡了一分一秒不差"的大哥萨本铁和给"分数是很抠的"弟弟萨本栋，一人一种风范，一人一个世界。但他们都有一个共同点，那就是质朴、平和、低调、谦逊。

是这些教授本身为作者提供了鲜明的范本，更是同学们栩栩如生地刻画了这些"教授印象"。当年的清华园有这群卓越不凡的教授固然是大幸，同样的，有了这些妙笔生花的学生给后来的人们留下这些形象，不也是大幸？

"三人行，必有我师。"意思是说每个人身上都有你可以学习的长处。你知道的越多，就应该越谦虚，就如苏格拉底所说："我知道越多就越发现自己的无知。"

孔子带着学生到鲁桓公的祠庙里参拜，看到一个可用来装水的器皿，形体倾斜地放在祠庙里。守庙的人告诉他："这是欹器，是放在座位右边用来警诫自己，如'座右铭'一般的器皿。"孔子说："我听说这种用来装水的伴坐的器皿，在没有装水或装水少时就会歪倒；水装得适中，不多不少的时候就会是端正的；里面的水装得过多或装满了，它也会翻倒。"

说着，孔子回过头来对他的学生们说："你们往里面倒水试试看吧！"学生们听后舀来了水，一个个慢慢地向这个可用来装水的器皿里灌水。果然，当水装得适中的时候，这个器皿就端端正正地立在那里。不一会儿，水灌满了，它就翻倒了，里面的水流了出来。再过一会儿，器皿里的水流尽了，就又像原来一样歪斜在那里了。

这时候，孔子便长长地叹了一口气说道："唉！世界上哪会有太满而不倾覆翻倒的事物啊！"欹器装满水就如同骄傲自满的人那样容易倾倒。因此为人要谦虚谨慎，不要骄傲自满。

法国数学家笛卡儿是一位知识渊博的伟大学者，但他也如同苏格拉底一样，声称学习得越多就越发现自己的无知。

一次，有人问这位伟大的数学家："你学问那样广博，竟然感叹自己的无知，是不是太过谦虚了？"

笛卡儿说："哲学家芝诺不是解释过吗？他曾画了一个圆圈，圆圈内是已掌握的知识，圆圈外是浩瀚无边的未知世界。知识越多，圆圈越大，圆周自然也越长，这样它的边沿与外界空白的接触面也越大，因此未知部分当然就显得更多了。"

"对，对，你的解释真是绝妙！"问话者连连点头称是，叹服这位学问家的高见。

知识越多，越觉得自己无知，你觉得这奇怪吗？一点儿不奇怪，笛卡儿的比喻十分形象。知识多者，在于他知道世界还有很多奥妙，也就是知道自己无知。而无知者，在于他不知道这世界是怎么回事，他怎么会知道自己无知呢？

人类世界浩瀚几千年的文明史，个人所掌握的知识相比之下就如同沙漠里的一粒沙。所以永远不要说自己无所不知。只有愚蠢的人才会那

样妄自尊大、自鸣得意。

　　莫里斯·斯威策说过："骄傲自大的人喜欢见依附他的人或谄媚他的人而厌恶见高尚的人。而结果这些人愚弄他,迎合他那软弱的心灵,把他由一个愚人弄成一个狂人。"

　　丰收的稻子总是弯腰向着大地。无论在任何时候,永远不要以为自己知道了一切。不管人们把你评价得多么高,你永远都要清醒地对自己说:"我是一个一无所知的人,每个人都是我的老师。"

　　"好为人师"也许是人的一种天性,连小孩子都有自我兜售的欲望。"好为人师"是自显高明的表现,在无形中抬高了自己、贬低了别人,这在社交中很容易引起他人的反感。相反,在人群中,你以别人为师,不但可以满足对方的优越感及虚荣心,而且也能学到知识,增长见识,可收到一箭双雕的奇效。

　　在社会生活中,"好为人师"显然不是件好事。这里的"好为人师"指的不是"喜欢当老师",而是指喜欢指点、纠正别人。

　　有一种人喜欢在工作上指出别人的错误,大肆表白和显示自己的意见,也喜欢在言语上指正别人的缺点,例如交友方式啦、衣服发型啦、教育子女的方法啦……

　　这种人有的是出于纯粹的无意识,对旁人的错误无法袖手旁观;有的则是自以为是,认为别人的观念有问题,只有他的观念才是对的,喜好出风头。

　　不管基于什么心态,也不管你的意见是对是错,是好是坏,一旦你主动提出来,你就犯了社会生活中的忌讳——侵犯了人性里的"自我"!

　　你要知道,每个人都在努力建立一个坚固的自我,以掌握对自己心灵的自主权,并经由外在的行为来检验自我强固的程度。你若不了解此点而去揭露他的错误,他会明显地感受到他的自我受到你的侵犯,有可能不但不接受你的好意,反而还采取不友善的态度。尤其在工作方面,你的热心根本就是在否定他的智慧与能力,甚至他还会认为你是在和他抢功劳,总之,他是不大领情的。

所以，"好为人师"是人际关系的障碍。如果你非要"为人师"不可，则必须建立在几个基础上才行：你基于"义"而提出，而对方又愿意领情，情愿接受你的意见。但不接受的可能性也相当高，这是人性，没有什么道理好说。

你在对方心目中够分量。所谓"人微言轻"，如果他一向敬重你，那么他有可能接受你的意见，但表面听从，私下不理的可能性也很高。如果分量不足，那就别自讨没趣。

你是他的长辈或上司。基于伦理及利害关系，他有可能接受你的意见，但也不尽然。

 心灵悄悄话
XIN LING QIAO QIAO HUA

人都有排他性，也有虽然知道不对也要做下去的比较朦胧的"人本"意识，这是他个人的选择。因此，与其好为人师地"招惹麻烦"，不如"拜人为师"求自己成长，引发别人反感的事最好少做或者不做。

改变——总把新桃换旧符

56

第三篇　改变自己，释放你的个性

个性是个既有魅力又神秘的东西。容易辨认但很难界定。与其说它是从外界获得，倒不如说是从内心释放。

我们所称的"个性"其实是一种外部证据，证明我们是在上帝心目中创造的独一无二的个体自我，是我们内心神性的绽放，或者是我们所称的"对你的真我进行自由而充分的表达"。

每个人身上的这种真我都具有吸引力，它像磁石一样，它对身边的其他人的确有着强大的冲击和影响。我们觉得自己与某种真实的、根本的东西相联，而它也在冥冥之中左右着我们。从另一方面讲，虚伪的个性则到处让人厌恶和憎恨。

释放内心的潜能

每个人都有我们称之为个性的那种神秘的东西。

说某人有"好个性"的时候，我们其实在说：他们释放了内心的创造性潜力，能够自如地表达他们的"真我"。

"坏个性"和"内向的个性"是一回事。"个性坏"的人无法展现内心具有创新能力的自我，他们把它拦住、铐上、锁起来，再把钥匙扔掉。"抑制"这个词字面意思就是指停止、阻止、禁止、制止。具有内向个性的人为真我的展示施加了一种限制。出于这样那样的原因，这种人害怕展示自我、害怕成为真我，于是把自己的真我锁在内心的牢笼里。抑制的表现五花八门，如害羞、胆怯、难为情、敌视、过度愧疚感、失眠、紧张、烦躁、无法与人相处等。

挫折实际上是每个领域共有的特征，也是个性受到抑制的行为表现。 真正的、基本的挫折是无法成为"我们自己"的，也无法恰当地展示自我。但是，这种最基本的挫折很可能会影响和超越我们所做的一切。

控制科学使我们对于内向的个性有了新的见解，为我们指明了通往抑制解除和自由的方向，以及怎样将我们的灵魂从自己强加的牢笼中解放出来。

伺服机制中的负反馈等同于批评。负反馈的意思其实是说："你错了。你离开了正确的道路，你需要采取矫正措施，再回到正确的轨道上。"

然而，负反馈的目的在于调整反应、改变前进的道路，而不是整个儿停下来。

如果负反馈在恰当地起作用,那么导弹或鱼雷就会对上述"批评"作出适度反应,其结果足以纠正前进路线,使自己始终朝着正确的目标飞去。正如我们之前解释过的那样,这条路线是一连串"之"字形曲线的组合。

然而,如果伺服机构(在控制科学中叫"伺服机制"——译者注)对于负反馈过于敏感,那么它就会反应过度。它不是朝着目标靶前进,而是沿着侧身被放大的"之"字形前进,或者完全停止向前的趋势。

我们内置的伺服机制也以同样的方式工作。我们必须先有负反馈,才能有目的地行动,才能向着目标的方向前进,或者在引导下攻击目标。

实际上,负反馈总是在说:"停止你正在做的事或做事的方式,做点别的。"其目的在于调整反应或改变前进行为的度,而不是把一切行动停止下来。负反馈并不在说"停——嘘!"它说的是"你现在做的事是错误的",而不是说"你干什么都错"。

不过,一旦负反馈过度或者我们的伺服机制对于负反馈过于敏感,其结果就不是对反应进行调整——而是完全抑制了反应。

抑制和过度负反馈是一回事。当我们对负反馈或批评反应过度时,就很可能得出结论认为,不仅我们当前的路线有些偏离正确航向或者错误,甚至连我们向前进展一点也是不对的。

徒步旅行者或猎人通常在汽车停放点附近选择某个明显的标志物,如一棵从数英里之外就能看到的特别高的大树,通过看见这棵树找到汽车。准备驾车返回时,旅行者会寻找那棵大树(即"靶子")并开始朝它走去。途中,这棵树也许不在他的视线范围内,但是行进路线已经通过将行者的方向与树的位置进行对比来检验过了。如果路线在树的左侧15度,那么旅行者所做的"前进行为"就是"错误的"。他要立即纠正路线,然后再次直接朝着树走去。然而,他并不认为他不应该朝前走。

可是,我们许多人却经常得出如此愚蠢的结论。当有迹象显示我们的表达方式偏离正确路线、找不到标志物或者"错了"的时候,我们便错误地下结论,认为自我表达本身就是错误的,或者认为成功对我们来说

（到达目标树）是错误的。

过度负反馈具有干扰或完全中止正确反应的效果，这一点需要我们牢记在心。

口吃很好地证明了过度负反馈是怎样造成抑制并妨碍正确反应的。

可能多数人都没有清醒地认识到这一事实：说话时，我们是通过用双耳聆听或"监视"我们自己的声调，来接收负反馈数据的。这就是全聋的人几乎都说不好话的原因，因为他们无从得知自己的声音发出时是尖叫、大喊，还是莫名其妙的咕哝。这也能解释天生耳朵就聋的人为什么在没有专业人士辅导的情况下根本学不会说话。在因为患感冒而遭受暂时性致聋或部分致聋时，如果你想唱歌，也许会惊奇地发现无法和着键盘演奏出的节拍唱，或者无法与别人合唱。

因此，负反馈本身并不是说话的障碍或阻碍。恰恰相反，它使我们能够说话、正确地说话。发音老师建议我们用磁带把自己的声音录下来，然后认真听，作为一种提高发音、吐字等技巧的方法。这样做我们便能发现说话时有哪些错误，而这些错误以前我们从未注意。我们能清晰地看到我们做"错"了什么，从而能够进行纠正和克服。

然而，要想负反馈有效地帮助我们更好地说话，就必须：（1）多少具有自动性或潜意识性；（2）负反馈应该自发地发生，或者当我们说话时自动发生；（3）对反馈的反应不应敏感到产生抑制作用。

录像带为致力于改善交流效果的人提供了一种特别宝贵的反馈手段。脊柱推拿治疗者和牙科医生通过视频向病人介绍他们在治疗中扮演的角色，让咨询人员扮演不相信治疗效果的病人，然后再重放视频并研究。专业推销人士也这样做。演讲家、讲座主持人、政治家，以及他们的发言指导者都采用同样的方法。通过用录像录下高尔夫球员的挥杆动作并作进一步分析，可以对高尔夫球员进行更好的指导。足球运动员也"研究自己的录像带"。只有研究者有非常健康的自我意象、不被看到的每个错误和缺点所困扰，而且能够通过观察将注意力集中于"路线修正"时，这种方法才对他们极为有用。

关于这种反馈以及仔细观察并分析录像带中看到的表现，还有一点许多人和许多教练都没有充分认识到：辨认、集中注意力并牢记"积极"而非"消极"的表现，相对而言要更重要，往往也更有用。

我们应该注意，不要过于强调表现中的某个缺点，以至于伺服机制会错误地把它当成"靶子"而加以接收。你也许在想起那个古老的精神假象时能回想起这一点：让某人闭上双眼达 1 分钟，让他们脑子里只是想象一头身穿拳击短裤的粉红色大象。脚穿旱冰鞋在跳舞。哪种心像始终在他们的脑子里占支配地位呢？我们要求的是，你不要为自己制造一头"粉红色的大象"，也不要让指导者为你制造，而是在想象的时候临时构思。

 心灵悄悄话
XIN LING QIAO QIAO HUA

如果我们有意识地苛求自己的说话，或者事先就过于在乎避免发音中的错误而不是自发地作出反应。那么结果很可能就会口吃。如果口吃者的过度反馈能够减缓一些，或者这些反应可以自发产生而不是预先便料想好，那么语言技能很快便能提高。

在对弈中改变局面

在人们对弈过程中,往往会出现硬碰硬、双雄争斗而双方都无法取胜的局面。那么,该如何避免两败俱伤的结局呢?

老子对"水"的认识就能解答这个问题。老子认为水至善、至柔、至刚。水具有优良的"品质",平静而透彻,柔弱而善良;同时,水又具有很强的可塑性,盛在任何形状的容器里,它都能附和着那容器的样子,可方、可圆、可扁、可长。水的力量是巨大的,汇集在一起,势不可当,能冲刷一切;而一点一滴滴落下来,坚石也会被穿透。**在"水"的启发下,人们产生了"以柔克刚,后发制人"的思想。**

大风过后,一棵巨大的橡树被狂风连根拔起,橡树躺在地上看到芦苇依然在风中飘舞,就奇怪地问道:"为什么你们这么低矮弱小,却能抵御大风而不被摧毁呢?"芦苇平静地回答:"正因为你粗壮有力,敢与狂风抗衡,所以被刮断了。而我们则相反,我们自知软弱,风来时我们顺着风的方向倾斜、弯腰,让它过去,所以才会一次次地逃过劫难。等到狂风过去的时候,我们可以直起自己弯下的腰,继续生长。"

在生活中,有许多事当忍则忍,能让则让。要明白,忍让不是怯懦胆小,而是关怀体谅。忍让和宽容是给予,是奉献,是人生的一种智慧,是建立人与人之间良好关系的法宝。

服装业巨子施瓦茨在从业初期,有一次拿着样品经过一家小店,却无缘无故地被店主讥讽嘲笑了一番,说他的衣服只能堆在仓库里,再过几年也卖不出去。施瓦茨并没有反唇相讥,而是诚恳地向对方请教,结果发现那位小店主说得头头是道。施瓦茨大为吃惊,当即表明愿意以高薪聘用

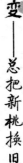

他,然而店主不但不领情,又讽刺了施瓦茨一顿。

　　施瓦茨并没有放弃说服这位小店主。他多方打听才知道,这位小店主居然是一位极其杰出的服装设计师,只是因为他性情怪僻而与多位上司闹翻,一气之下才发誓不再设计,改行做商人的。

　　施瓦茨弄清楚事情的真相后,三番五次地登门拜访,并且诚心请教。这位设计师仍然是火冒三丈,劈头盖脸地骂他。然而施瓦茨不以为意,常去看望他,经常和他聊天并给予热情的帮助。到最后,这位设计师感到不好意思,终于答应出山,但是条件非常苛刻,其中包括他一旦不满意便要更改设计图案、允许他自由自在地上班。后来,这位设计师虽然经常顶撞施瓦茨,让他下不了台,但其创造的效益极其巨大,他帮助施瓦茨建立了一个庞大的服装帝国。

　　我们知道,钻石是自然界最硬的东西,但又有谁注意到,钻石甚至比玻璃更易碎。而硬度极差的铝,柔韧性却极好,你甚至可以用锤子把它砸得像纸一样薄,但仍然不能把它砸为两半。又如,当鸡蛋掉在石头上时,鸡蛋很容易破碎,而当皮球掉在石头上时,它会弹起并完好无损。这是因为对强大的外力,皮球能以柔韧化之,而鸡蛋却不能,故有“以卵击石,自不量力”之说。这其中蕴涵的就是“与其硬碰硬,不如以柔克刚”的道理。

　　“与其硬碰硬,不如以柔克刚”。这里说的“柔”,不是软弱,而是以情动人,就是有耐心、信心、恒心和毅力。“柔”强调的是一种柔韧性,打不碎、压不垮,而且还会像弹簧一样富有弹性,总能恢复原状。“柔”包含着一种忍耐和计谋。所谓的“刚”,只是浮躁、虚张声势、经不起挫折的表现。而柔则是虚怀若谷,是对自己充满信心,胜不骄,败不馁的表现。

　　有一天,大师问其徒弟:“棉与石同为实物,二者各有其用,但若比攻守之道,谁更胜之?”所有的徒弟都说石头较之刚硬,攻守俱备,当然是石头能胜了。可是大师却摇摇头,徒弟们百思不得其解。

　　石头倘若撞击钢铁,肯定是粉身碎骨。但无论如何发力,棉物都能以力还力,而使自己毫发无伤。

　　一天,一个女孩听见有人敲门,打开门时,发现一个持刀男子凶狠地站在门前。不好，遇到劫匪了！这一念头骤然跃入女孩的脑海，但她迅速镇静下来，微笑着说："朋友，你真会开玩笑。你是来推销菜刀的吧？我喜欢，我要一把。"接着便让男子进屋，还热情地对男子说："你很像我以前一个热心的邻居，见到你我真高兴，你喝饮料还是茶？"

这样一来，原本满脸凶气的男子竟有些拘谨起来，忙结巴着说："谢谢，谢谢。"最后，女孩买下了那把菜刀，男子拿了钱迟疑了一下便走了。在转身离去的一刹那，男子对女孩说："你将改变我的一生……"

有时候，不是所有的勇敢都值得推崇，只有在勇敢中加进了智慧，才是值得学习的，女孩的这种表现正是一种智勇双全的全新意义上的勇敢。

联系我们的现实生活，无论是在社会交往中还是在家庭生活中，往往会遇到一些不愉快的事情，如果双方都失去理智，硬碰硬，只能把事情搞得更糟糕。所以，我们每个人都要学会修身养性。遇到问题时要保持清醒的头脑，学会缓和与化解矛盾，避免正面冲突，找出解决问题的好办法。

在非洲的戈壁滩上，有一种小花。由于当地气候干旱和土壤贫瘠，只有根系发达的植物才能很好地生长，而这种小花只有一条根。这条根蜿蜒盘曲着插入地底，通常要用五年时间生长，第六年才能开花。在这六年之中，炎炎烈日可以烧灼它，漫天风沙可以肆虐它，小虫子可以噬咬它，干旱可以折磨它。然而小花没有气馁，没有放弃。它默默地忍耐着，默默地等待着，默默地生长着。它知道，总有一天，根须深入到一定的程度，自己就会绽放出绚丽的花朵。

在困境中盼啊，等啊。一年、两年、三年……到第六年春天，它终于吐出新绿，继而开出小小的花朵。花呈四瓣，每瓣自成一色，在茫茫无边的荒漠，它是多么珍贵，多么神奇。只是这种小花的花期只有两天。两天过后，连花带茎一起枯萎，香消玉殒。虽然美丽是那么短暂，但是它毕竟有所收获。为了两天的美丽，小花忍耐了六年的漫长岁月，它用生命的轨迹向我们昭示，只有忍耐，才能美丽。

炎热的夏季，雌蝉在柔软的嫩枝上排卵。一个月后，阳光开始孵化卵子。孵化的幼虫从树枝跌落到地面上，在树下松软的土壤中钻洞，遇到树根,便停在那里,吮吸汁液,维持生存。幼虫在黑暗的泥土中,就像处在黑夜之中,见不到一缕阳光,听不到一丝声音。但是,它在黑暗之中,默默地坚守着,默默地生长着,默默地等待着。它知道,那个在阳光下唱歌的日子虽然十分遥远,但终究有到来的一天。

在黑暗中盼啊、等啊,两年、三年……一直到第十七个年头,幼虫才爬出洞穴。它沿着树干,攀上树枝,蜕去外壳,飞上枝梢,开始了在阳光下的吟唱。

四个星期后,蝉完成了繁衍后代的使命,生命便告终止。四个星期阳光下的生活和那黑暗的十七年相比,虽然十分短暂,但它毕竟美丽了一回。

人生存在社会中,不可能都是阳光明媚的春天,也会出现阴冷的冬天;不可能都是晴朗灿烂的日子,也会有细雨绵绵的季节;不可能都是风和日丽的白天,也会出现寒气袭人的长夜。

一位哲人曾经说过:"接受阴影,才会有阳光明媚与灿烂。拒绝阴影,只会是阴天,不会有阳光。"**要知道,事物的美丽不是信手拈来、一蹴而就、一帆风顺的。它必须在痛苦的泪水中孕育,在忍耐的土壤里生根,在等待的岁月中发芽,在坚守的季节里开花。**它必须忍受无数次量变的痛苦,才能升华到质变的美丽。

忍耐是修养性情,磨炼志气,坚定决心的重要方法。莽撞使人失败误事,忍耐才是无法攻破的城堡。此时,忍不仅是块盾牌,更是一把利剑。

在生活中,更是处处需要忍。相爱的两个人在一起,引起争吵的大都是一些小事,那么,为什么不能彼此退让一步? 很多值得吵架的原因,忍一忍就过去了。天天为了一些小事争吵,这样的生活能幸福吗? 两个人走到一起,就肯定有相互欣赏的地方。忍耐对方的错误,他的那些优点自然会更加凸显,彼此相处得更加融洽,生活自然更加快乐。

同事之间多一些尊重,多一些忍让,彼此一定会相处得很好。大家来自不同的地方,有着各自不同的成长环境,为人处世的方式也不一样。有时为了工作上的事难免发生分歧,此时,只有保持冷静,以后才不会有矛盾,大家才可以和平相处。

　　我们身边有很多事都需要忍,忍了之后会有意想不到的收获。相爱的人能得到幸福,同事能好好相处,社会上也会少一些流血事件,何乐而不为呢?

　　曾有一对父子坐火车外出旅游,途中有位查票员来检查乘客的车票,父亲因为找不到车票而受到查票员的怒言责备。事后,儿子就问父亲:"为什么刚才不反目以对呢?"父亲说:"儿子,倘若这个人能忍受他自己的脾气一辈子,为何我不能忍受他几分钟呢?"

　　退一步海阔天空,忍一时快乐神仙。忍耐是一帖治疗所有痛苦的膏药。君子忍人之所不能忍,容人之所不能容,处人之所不能处。

　　当忍处,俯首躬耕,勤力劳作,无语自显品质。不当忍处,拍案而起,奔走呼号,刚烈激昂,自溢英豪之气。懂得忍,才会知道何为不忍。只知道不忍的人,就像手舞木棒的孩子,把自己挥舞得筋疲力尽,却不知道大多数的挥舞都只是在不断地浪费自己的体力。

心灵悄悄话
XIN LING QIAO QIAO HUA

　　学会忍,是人生的一种基本谋生课程。忍有时是环境和机遇对人性的社会要求,有时则是心灵深处对人性魔邪的一种自律。让我们好好学习"忍"中的大道理吧。

第三篇　改变自己,释放你的个性

自我意象的揭示

现代心理学最重要的发现是对自我意象的揭示。通过认识自我意象、学会纠正自我意象并控制它为你所用，你就能获得难以置信的信心和力量。

无论你是否认识到，每个人的内心都有一幅描绘自己的精神蓝图或叫"心像"。对我们的意识来说，这幅图可能模糊不清、朦朦胧胧、不甚分明。其实，人的意识甚至根本无法辨认出它。但它的确就在那里，完完全全，纤毫毕现。这个自我意象就是我们自己对"我是什么样的人"的看法，它是以我们的自我看法为基础形成的。这些关于自己的看法，大多数都是根据我们过去的经历、我们的成与败、我们的荣与辱，以及别人对我们的反应（尤其是童年时代的早期经历）而无意识地形成的。根据这些看法，我们便从心理层面上构建了一个"自我"（或一幅关于"自我"的图像）。就个人来讲，一旦某种针对自己的想法或信念进入这幅图像，它就会变成"事实"。我们并不质疑它的正确性，而是头也不回地按照它去行动，就像它的确是真的一样。

因此，自我意象会控制你能做哪些事、不能做哪些事，哪些事对你来说很难、哪些很容易，甚至会决定别人对你有何反应，其确定性和科学性，就像一根温度计控制你家中的室内温度那样无可辩驳。

具体来说，你的一切行动、感受、举止甚至才能。都始终与这一自我意象相符。请注意"始终"这个词。简言之，你认为自己是什么样的人，就会"按照这一类人的特点去行动"。更重要的是，你根本无法背其道而行之，哪怕有意识地努力或坚忍不拔也无济于事（这也是有些人咬紧牙关努力想做成某件难以做到的事却必败无疑的原因。其根源不在于意志不坚定,而在于对自我意象的管理)。

自我意象中认为自己"胖"的人(即此人的自我意象说"我喜欢吃甜食",说她挡不住"垃圾食品"的诱惑,而且找不出锻炼的时间)总是无法减肥并保持体型,无论她怎样有意识地想方设法与这种自我意象对抗也是徒劳。你无法做到长时间超越或逃避自我意象。就算你真能做到短暂地逃避,也会立即产生"反弹"效应,就像一个橡皮圈,在两个手指之间伸长,但稍一松懈就会恢复原状。

如果某人认为自己是"失败型的人",那么无论动机多好,无论意志力多么坚强。他总能找到失败的方式,哪怕机遇真真切切来到眼前,也会与他失之交臂。如果某人认为自己是不公正社会的牺牲品,认为自己"注定要受苦受难",那么他发现周围的环境总是证明他的看法没有错。

你还可以使这种观点进一步具体化。比如,你参加的高尔夫球赛,你的推销生涯、公众演讲、减肥、人际关系等。对自我意象的支配是无条件的、带普遍性的。"反弹"效应无处不在。

自我意象是一个前提、基石或基础,你的全部性格特征、行为举止,甚至所处的环境,都以它为基础建立。结果呢,我们的经历似乎总是证明并加深我们的自我意象,从而形成一个循环。至于这个循环是恶性的还是良性的。那要视具体情况而定。

比如说,一个自视为"F"型学生的孩子,或者认为自己"对数学一窍不通"的学生,总是发现成绩单上真的每次都是"F"。于是他便有了"证据"。同样,专业销售人士或企业家也会发现自己的亲身经历总是"证明"自身的自我意象是正确的。无论什么事让你觉得困难,无论你在生活中遇到什么挫折,这些困难和挫折似乎都在"证明"并强化某种像唱片上的凹槽一样深植于你自我意象中的东西。

由于这种客观"证据"的存在,我们很少想起自己的症结在于自我意象或者我们的自我评价。如果告诉某个数学不好的学生,说"根本学不好代数"这句话不过是他的"想象"而已,那他可能会怀疑你是否神志清醒。他努力地学啊学，但成绩仍然不尽如人意。如果告诉某个销售代理商，说"挣钱无法超过某一金额"不过是她的一个想法，那么，她会拿出她的订货簿来证明你的说法不对。只有她最清楚自己付出了多少努力，又经历了多少次失败。然而，正如我们将看到的那样，一旦说服他们努力改变自我意象，无论是学生的学习成绩还是推销员的挣钱能力。都会发生几乎令人不可思议的变化。

很显然，光说"一切存在于你的头脑，你认为自己行，就一定能行"是不够的。实际上，这简直是对他人的伤害。这样解释也许更有效果："成绩或挣钱能力"建立在某种根深蒂固、甚至可能难以觉察的思维模式之上，这种思维模式一旦改变，你就能从中解放出来，从而更有效地开发自身潜力，并得到与此前具有天壤之别的结果。这便让我懂得了一条与自我意象有关的最重要的真理：自我意象可以改变。

无数事例证实，改变自我意象并不在于时间早晚、年龄大小。你任何时候都能开始一种全新的、不同的生活。

耶稣曾告诫我们不要做把新布料补到旧衣服上或者用旧瓶装新酒的荒唐事。如果用"积极思考"作为补丁，补到同样一件旧的"自我意象"衣服上，是不会收到好效果的。

心灵悄悄话
XIN LING QIAO QIAO HUA

实际上，对自己的看法始终很消极，却又想对某一具体情况进行积极思考，这几乎是不可能真正完成的任务。无数试验证明，对自我的看法一旦改变，与新的"自我看法"相符的其他事便能很容易、不费力地办到。

在坎坷中改变自己

人生不如意十之八九，我们不能祈望总是一帆风顺。当我们的生活、工作遇到坎坷和挫折时，我们应该如何面对呢？有的人逆境而上，最后取得丰硕的成果；有的人随波逐流，最终碌碌无为。其实这取决于人们各自不同的心态。换一个角度，换一个态度去看问题，你会看到事物的不同方面。

一个人要想改变命运，最重要的是要改变自己。在相同的境遇下，不同的人会有不同的命运。要明白，命运不是由上天决定的，而是由你自己决定的。

很久很久以前，人类都光着双脚走路。有一位国王到某个偏远的乡间旅行，因为路面崎岖不平，有很多碎石头，刺得他的脚又痛又麻。回到王宫后，有一个太监为了取悦国王，把国王所有的房间都铺上了牛皮，国王踩在牛皮地毯上，感觉双脚舒服极了。

为了让自己无论走到哪里都感觉到舒服，国王下令把全国各地的路都铺上牛皮。众大臣听了国王的话都一筹莫展，知道这实在比登天还难。就在大臣们绞尽脑汁，思考如何劝说国王的时候，一个聪明的大臣建议说："国王可以试着用牛皮将脚包起来，再用一条绳子捆紧，这样，无论走到哪里，国王的脚都不会再受痛苦。"于是，鞋子就这样发明出来了。据说，这也是"皮鞋"的由来。

那个大臣是聪明的，用牛皮包住自己的脚，比用牛皮铺满全国的道路要容易得多。按照这种办法，只要一小块牛皮，就和将整个世界都用牛皮铺垫起来的效果一样了。所以，许多时候我们可以通过改变自己来适应环境。

人和环境的关系是个值得深思的问题，许多人都不懂得如何解答。托尔斯泰说："世界上只有两种人，一种是观望者，一种是行动者。大多数人都想改变这个世界，但没人想改变自己。"的确，要改变现状，就得改变自己。要改变自己，就要改变自己的观念。可以说，一切成就，都是从正确的观念开始的；**一切失败，都是由错误的观念引发的。要适应社会，适应变化，就要改变自己。**

有一次，柏拉图告诉弟子自己能够移山，弟子们便纷纷请教方法。柏拉图笑道："很简单，山若不过来，我就过去。"弟子们不禁哑然。世界上根本没有什么移山之术，唯一能够移动山的秘诀就是：山不过来，我便过去。同理，人不能改变环境，那么就改变自己吧。

整天抱怨"命运不济、世道不公、怀才不遇"的人们面对智者的建议，应该有所顿悟。人生如爬山，每个人都不会一帆风顺。现实中有太多的事情，要用爱心和智慧来解决。

人生如水，只有去适应环境，才能克服更多的困难，战胜更多的挫折，最终实现自我。如果不能看到自己的缺点与不足，只是一味地埋怨环境不利，从而把改变境遇的希望寄托在改换环境上，这实在是徒劳无益的。

现实世界中有太多的事情就像"大山"一样，是我们无法改变的，至少是暂时无法改变的。所以，我们不妨换个角度想想，如果山不过来，那我们就过去。我们不能决定风的方向，但我们能改变帆的方向。

有一位客人坐上一辆出租车。这辆车的地板上铺了羊毛地毯，地毯边上缀着鲜艳的花边。玻璃隔板上镶着名画的复制品，车窗一尘不染。客人惊讶地对司机说："我从没搭过这么漂亮的出租车。"

"谢谢你的夸奖。"司机笑着回答。

"车不是我的，"他接着说，"是公司的。多年前我在公司做清洁工人，我发现每辆出租车晚上交车时，车里都像垃圾堆。地板上尽是烟蒂和杂物，座位或车门把手上甚至有花生酱、口香糖之类黏黏的东西。当时我就想，如果有一辆干净清洁的车给乘客坐，或许乘客就会为别人着想一点了。

"当我领到驾驶证之后,就照那个想法做了。我把公司租给我的出租车收拾得干净明亮,又弄了一张好看的薄地毯和一些花。每当乘客下车后,我就会检查一下,为下一位乘客把车收拾得十分整洁。

"从我开车以来,客人从没有令我失望过。我从来没有捡拾过一根烟蒂,车内也没有花生酱或吃剩的冰激凌蛋筒。先生,就像我所说的,人人都欣赏美的东西。如果我们的城市里多种些花草树木,把建筑物弄得漂亮点,我敢打赌,一定会有更多人愿意使用垃圾箱。"

这个故事让我们懂得:好者更趋于变好,坏者更易于变坏。如果你不能改变周围的每一个人,那么就试着改变自己,进而影响别人。

一个人要想改变生活是事倍功半,但改变自己是事半功倍,一味地要求他人,倒不如更多地反思自己。改变自己的某些观念和做法,以应对外来的干扰。当自己改变后,眼中的世界自然也就改变了。

某人在屋檐下躲雨,看见观音撑伞走过。这人说:"观音菩萨,普度一下众生吧,带我一段如何?"

观音说:"我在雨里,你在檐下,而檐下无雨,你不需要我度。"

这人立即跳出檐下,站在雨中:"现在我也在雨中了,该度我了吧?"

观音说:"你在雨中,我也在雨中,我不被雨淋,是因为有伞;你被雨淋,是因为无伞。所以不是我度自己,而是伞度我。你要想度,不必找我,请自找伞去!"说完便走了。

第二天,这人遇到了难事,便去寺庙里求观音。走进庙里,才发现观音的像前也有一个人在拜,那人长得和观音一模一样。这人忍不住问:"你是观音吗?"

那人答道:"我正是观音。"

"那你为何还拜自己呢?"

观音笑道:"我也遇到了难事,但我知道,求人不如求己。"

的确,谁都难免会遇到困难。然而,当他们遇到困难的时候,首先想到

的不是如何向他人求救，去依赖他人，而是自己设法解决，因为"求人不如求己"。我们的生活也是如此，与其苦苦哀求他人，不如自己想办法。

纵观历史，放眼世界，大凡能够实现自己远大理想与抱负的人，都是依靠自己的不懈努力，敢于向命运发出挑战的人。这些人的成功之路也许不尽相同，但他们有一个共同的特点，那就是为人自强不息。

被人们称为"史圣"的西汉史学家司马迁，从 42 岁时开始写《史记》，到印制完成，历时 18 年。如果把他 20 岁后收集史料、实地考察等工作所用的时间加在一起，这部《史记》花费了他整整 40 年的时间。

法国作家巴尔扎克，在 20 年内出版了 90 多部作品，其中一些成为世界名著。他的代表作是《人间喜剧》。当时，他为了完成这部巨著，奋笔疾书，有时一工作就是 18 个小时。他付出的时间和精力是惊人的，很少有人能与之媲美。最后他成功了，也获得了应有的回报。

海伦是美国著名的聋盲女作家、教育家，她出生后 19 个月就失去了听力、视力和发音能力。但是，她在老师安妮·苏利小姐的帮助下，奇迹般地学会了英语、法语、德语、拉丁语和希腊语，并出版了 14 部作品。

中国的张海迪 5 岁起患高位截瘫，但她以顽强的毅力自学，还翻译外文名篇，自己著书写作，被喻为"中国的保尔"。

古今中外，这样的例子还有很多。我们不要求每个人都成为这样出类拔萃的人，但是，在人生的道路上，如果有像他们这样勇于自救的品质相伴，成功自然不会遥远。

法国哲人蒙田曾经在《随笔集》里这样写道："我不在乎我在别人的心目中如何，而更重视我在自己的心目中如何；我要靠自己而变得富足，而不是靠求助别人。"同样的道理，在前进或登高的时候，人们往往都希望找个扶手，以减少自己的负担。但是，即便我们倚着扶手前进，扶手终究会有尽头，而接下来的路仍然要靠自己来完成。

在西方许多国家，流行着这样一句话："上帝帮助那些自救的人。"与这句话有着同样深刻内涵的是一则小故事。

一天，天使与上帝一同出行。路过一条河时，天使看到有一个人在水里挣扎。天使指着那个人问："上帝，你为什么不去救那个人，难道他没有向你祈祷吗？"

上帝回答说："不，他向我祈祷了两次，但我也救了他两次：第一次我让一根圆木从他身边漂过，他没有去抓。第二次我让一个人划着竹筏从他身边经过，他又不肯去抓那个人向他伸出的手。你让我怎样去救他，难道非得我亲手去把他拉上来？"

这个故事告诉我们：每个人都不乏机会，但关键在于是否能抓住它。无论遇到什么，都不要寄希望于他人，只有自己才是自己的依靠。

有人说，生活不是梦，而是双手托起的一片晴空；生命不是玩笑，而是一次庄严的旅行。在生命的时光中，每天黎明过后就是清晨的苏醒。在人生旅途中的每个驿站，都有一盏属于自己的灯，它可以照亮你的前途。要保持这盏灯的光明，需要你有理性的思维、超凡的勇气和一切靠自己的信念。

在一个寒冷的夜晚，一位小伙子郁闷地在路边坐着。他来到这座城市已经好几天了。城市的繁华并未带给他淘金的机会，而他的盘缠却已经所剩无几。

他蜷缩着身子，抵御着冷风的侵袭。他感觉自己像个可怜的乞讨者，不知前方的路在何处。

正在茫然时，一张钞票出现在他的眼前——

"你饿吗？"

旁边擦皮鞋的女孩把一元钱递了过来："你去买点吃的吧！"

立时，年轻人的内心涌起了阵阵波澜。他先是悲哀，觉得自己竟然沦落到被人当作乞丐对待的地步。接着，又产生了一些感激，因为此时，困窘的他的确需要帮助，哪怕是一元钱……

于是，他伸出了手……

可是，那女孩却又抽回了拿钱的手。

"你真的想要这施舍？"

施舍？年轻人愣住了。他看着女孩,女孩清澈的眼睛中带着些狡黠的光。

一瞬间,女孩的目光让他突然醒悟:是啊!自己怎么能轻易地接受施舍呢?他努力恢复起自信的姿态,对女孩说:"谢谢!我不需要施舍,不要!"

女孩笑了,说:"可是,我看你确实需要帮助。既然你不肯接受施舍,那我就把这擦鞋的摊位借给你10分钟。10分钟,你就可以挣够一顿饭钱了……"

这是一个不错的建议。沉默片刻,年轻人同意了。

果然,年轻人在10分钟内挣了几元钱。

年轻人当时不知道,就是这10分钟的"租借",改变了他的一生。

后来,年轻人和女孩一起摆摊擦鞋。日子一天天过去,他们结婚成家……

再后来,他们开了一家皮鞋加工店,而且生意兴隆……

最后,他们开了一家皮鞋厂……

当年困顿街头的年轻人,现在已经是拥有千万资产的企业家了。

女孩用实际行动告诉小伙子,生活要靠自己,凡事要自强。只有自强不息,才能获得成功。

心灵悄悄话
XIN LING QIAO QIAO HUA

生命坚韧而又脆弱,但你必须坚强,必须为自己喝彩。没有人能承受得了你的眼泪,天大的悲伤,自己可以为自己扛。不要指望别人给你安慰,给你力量,给你依靠,给你安全感,给你快乐,给你所有你希望的一切,这些希望只有你自己才可以实现。

给自己积极的心理暗示

暗示,是一种心理影响,它能让人在不知不觉中,在心理上朝着暗示的方向转变。心理暗示有积极和消极之分。积极的心理暗示给人带来积极的体验,使人精神乐观,做事信心十足。我们最常用的积极暗示就是表扬和鼓励,它们能调动人的内在潜能,使人发挥出最大的能力。消极的心理暗示会给人带来消极的影响,常用的方式就是批评和贬低,这样会使被暗示者精神沮丧、萎靡不振,给情绪、智力和生理状态都带来不良的影响。

美国心理学家威廉姆斯曾深刻地指出:"人性中最深刻的禀赋是对被赏识的渴望。"可见,被赏识这种积极的暗示,可以激发人的自尊心和上进心。

矮小的法国移民亨利十分艰难地生活在美国。当有人告诉他,他可能是拿破仑的孙子时,他虽然半信半疑,但仍然乐意相信这是真的。于是,他的整个人生开始改变了。以前,他常常因个子矮小而自卑,但现在却想:"我爷爷就是靠这种形象指挥千军万马的。"当他遇到困难时,他就想:"在拿破仑的字典里找不到'难'字。"最后,他成了一家大公司的董事长。事后,他派人去调查自己的身世,结论是:他和拿破仑并没有血缘关系,但那已经不重要了。

再看一个相反的例子。心理学家曾做过一个实验:事先告知一组被判死刑的囚犯,他们将不被执行枪决,而是被刺破静脉,让血从体内流尽而死。实验开始后,执行者将死囚的眼睛蒙上,绑上双手,带入一个特设的房间坐定,拿针在他们的手腕上轻刺一下(并非真正刺破血管),然后轻轻拧开一旁的水龙头,让水一滴一滴地往下滴。十几个小时以后,那一

组囚犯的心脏先后停止了跳动。这样,囚犯在肌体没有遭受任何损伤的情况下死去了。但事后,很多人对此实验的人道主义精神提出过质疑。

以上两例,都显示了心理暗示的巨大作用。由此可见,心理暗示可以使一个人成就其事业,成熟其心态,使其具有奋斗和不屈的精神。反之,也可以使一个人完全放弃奋斗的欲望,甚至是求生的本能。每天给自己一个积极的心理暗示,对自己说:"我是最棒的。"失败时,对自己说:"这没什么。"你会发现自己越来越棒。

除了每天要给自己一个积极的心理暗示之外,我们还要对生活充满希望。莎士比亚说:"治疗不幸的药,只有希望。"希望也是另一贴心灵的良药。只要注入希望的燃料,心就会强有力的跳跃。

希望会带来活力、目标、坚强与生命力。亚尔伯特·赫伯特给了我们这样充满希望的宝贵忠告:"收起下颏,抬起头,肺里吸满空气与阳光,对朋友微笑点头,真诚地与人握手,不要怕受到误解。不要浪费时间去想自己的敌人。要在心里确切地刻画自己的目的。这样便不会迷失方向,笔直地朝着目标迈进。"

印度作家普列姆昌德说过:"希望是热情之母,它孕育着荣誉,孕育着力量,孕育着生命。一句话,希望是世间万物的主宰。"对未来充满希望,人生才有前进的动力。所以说,成功的人大都怀有一颗希望之心。他们对未来充满希望,坚信明天可以比今天更加美好,所以他们才能有勇气、有动力不断前进。

汤姆·邓普天生残疾。自从懂事以来,父母就告诉他,不要因为自己的残疾而感到绝望,别人可以做到的事情,你同样可以做到,甚至做得更好。

小时候,汤姆·邓普和别的孩子一起参加童子军团,那些健康的孩子完成行军 10 公里的时候,汤姆也坚持走完了 10 公里。后来,汤姆·邓普发现了自己的一个优点:在和朋友们玩橄榄球时,他可以把橄榄球踢得比别人远。于是,他让鞋匠专门设计了适合他身体特点的鞋子,然后积极地参加了橄榄球队的入队资格测试。

在一周后的友谊赛中,汤姆·邓普踢出了55码(1码=0.9144米)远的得分,让教练也不得不对他另眼相看。这次胜利使他获得了专为圣徒队踢球的工作,而且在那一季中他为他所在的队赢了99分。那是一个最伟大的时刻,球场上坐满了球迷。球是在28码线上,比赛只剩下了几秒钟,球队把球推进到45码线上,但是时间极为有限了。汤姆·邓普拼出全力踢在球上,全场的眼睛都盯着这个球,同时为汤姆·邓普担心着,这球能够达到所期待的距离吗?

最终的成绩得到了全场的肯定,球从球门之上几英寸的地方越过,裁判举起了双手,表示得了3分,汤姆所在的队以19∶17获胜。

当记者问他是什么给了他如此巨大的力量时,他微笑着说:"**对生活的希望,对生命的热爱。虽然我的身体有些不利条件,可是我从来没有放弃过人生的理想。我觉得每一个人都应该对生活充满希望,不要轻言放弃。**"

没有希望之灯的人生,就像一只在黑暗中航行的小船,很容易因为害怕风浪而搁浅。

我们相信:希望在,成功就在!

心灵悄悄话
XIN LING QIAO QIAO HUA

人生最美好的东西就是希望,只有伟大的希望才能造就伟大的人物。希望对于任何人来说都是必需的,人生若没有希望,就成了一片死海。我们发现,大多数的失败、平庸者并不是因为他们的能力有问题,而恰恰是他们的心态有问题。

第三篇 改变自己,释放你的个性

确定你的航向

西方有一句谚语说:"对于一艘没有航向的船来说,任何方向的风都是没有意义的。"人生没有目标,就像箭没有靶子一样。

目标就是你希望达到的未来状态,也就是指你想要完成的事。可能很庞大,也可能很渺小,也许是明年完成,或许在几十年以后达到。

在我们身边,不乏缺少理想的人。他们的生活随波逐流,毫无目标,终日在浑浑噩噩中度过,浪费了许多宝贵的时光。因为缺少确定的目标和人生理想,没有良好的人生规划,他们的生活总是与失败相伴。当你询问他们想要做什么事情的时候,他们的回答很茫然,因为他们也不知道自己到底要做什么,他们只是日复一日地消磨时光,在生活中随波逐流,慢慢地浪费掉自己的生命。

"如果没有目标,你永远也不可能发现自己究竟完成了什么工作,没有完成什么工作。"这是孙正义的一句名言。

孙正义是亚洲富豪。他二十多岁时开始在日本创业。创业之始,公司不大,只有三个人。他自己是老板,另有两个员工,一间小屋子,办公室非常简陋。但是他很有个性,刚刚创业的时候,他经常召开员工大会并发表演讲。他说,他30岁时要有几千万美元,40岁时要有××亿美元,50岁时要怎样,说的都是天文数字。后来,连两个员工都感觉这个老板的想法太天真,简直是疯了。但几十年后,他实现了自己的人生梦想,成了亚洲首富。

目标决定计划。首先要树立一个目标,没有目标就会浑浑噩噩,无所事事;没有目标就没有压力,没有动力,没有成就感。有了目标后就要制订计划,并将制订好的计划一步一步地实现。

目标清晰可以使人们的心态变得积极主动。第二次世界大战期间,从奥斯威辛集中营活下来的人不到 5%。幸存者之一的犹太裔心理学家弗兰克经过观察研究发现,幸存者几乎毫无例外地都是深知生命的积极意义的人。他们顽强地活下来的主要原因,就是他们心里都有一个明确的目标——"要做的事还没有做完""活着与爱着的人重逢"。

弗兰克的一个牢友在那个与死神相伴的环境里,曾绝望地对他说:"我对人生没有什么期待了。"

"不是你向人生期待什么,"弗兰克说,"而是生命期待着你!什么是生命?它对每个人来说,是一种追求,是对自己生命的贡献。"他通过不断地鼓励并对牢友分析生命的意义、目的,最终使这位牢友扭转了悲观的人生态度,重新燃起对生活的渴望。

所以说,**脱离了远大的人生目标,就不会有积极的心态,而消极心态不会产生远大的人生目标。目标反映了心态,心态决定了目标。**

每个人的人生都不可能是一帆风顺的,都会遇到糟糕的处境或者遭遇沉重的打击。只要确定目标、坚定信念,保持着高昂的斗志,在心中燃起不灭的热情之火,那么就一定能走出困境。但是,如果他颓废消极,自暴自弃,那么他人生的锋芒和锐气就会消失殆尽,最终只能是失败。

要知道,一个清晰的目标是可以量化的。目标是我们要坚定信念的来源。把理想变成可实现的目标,需要进行一步步地计划,给自己的大目标分解成一个个清晰的小目标,制订一个完成目标的时间表。正如诗人爱默生所言:一心向着自己目标前进的人,整个世界都为他让路。

有一次,在高尔夫球场,罗曼·皮尔在草地边缘把球打进了杂草区。有一个青年刚好在那里清扫落叶,就和他一块儿找球。当时,那青年很犹豫地说:

"皮尔先生,我想找个时间向你请教。"

"什么时候呢?"皮尔问道。

"哦!什么时候都可以。"青年似乎颇为意外。

81

第三篇 改变自己,释放你的个性

"像你这样说,你是永远没有机会的。这样吧,30分钟后在第18洞见面谈吧!"皮尔说道。30分钟后,他们在树荫下坐下,皮尔先问他的名字,然后说:"现在告诉我,你有什么事要同我商量?"

"我也说不上来,只是想做一些事情。"

"能够具体地说出你想做什么事吗?"皮尔问。

"我自己也不太清楚。我很想做和现在不同的事,但是不知道做什么才好。"他显得很困惑。

"那么,你准备什么时候实现那个还不能确定的目标呢?"皮尔又问。

青年对这个问题似乎既困惑又激动,他说:"我不知道。我的意思是有一天,有一天想做某件事情。"于是,皮尔又问他喜欢什么事。可是,他想了一会儿,却说想不出有什么特别喜欢的事。

"原来如此,你想做某些事,但不知道做什么好,也不确定要在什么时候去做,更不知道自己最擅长或喜欢的事是什么。"

听皮尔这样说,他有些不情愿地点头说:"我真是个没有用的人。"

"哪里。你只不过是没有把自己的想法加以整理,或缺乏整体的构想而已。你人很聪明,性格又好,又有上进心。有了上进心,才会促使你想做些什么。我相信你能有所改变。"

皮尔建议他花两个星期的时间考虑自己的将来,并明确自己的目标,不妨用最简单的文字将它写下来,然后估计什么时候能顺利实现,得出结论后就写在卡片上,再来找皮尔。

两个星期以后,那个青年显得有些迫不及待,至少精神上看来像完全变了一个人似的出现在皮尔面前。这次他带来了明确而完整的构想,他已经掌握了自己的目标,那就是要成为他现在工作的高尔夫球场的经理。现任经理五年后退休,所以他把达到目标的日期定在五年之后。

接下来,他在这五年的时间里学会了担任经理必备的学识和领导能力。等经理的职位出现空缺后,没有一个人是他的竞争对手。

又过了几年,他在公司的地位依然十分重要,成了公司不可缺少的人物。现在他过得十分幸福,非常满意自己的生活和工作。

一般来讲,相对于那些大而难的目标,人们更容易完成那些小而易的目标。这给了我们足够的信心去完成大而难的目标,因为任何大而难的目标都可以分成小而易的目标。所以,要完成大而难的目标,我们就必须把它分解成长、中、短三种目标,以短期目标为过渡和中介,短期目标实现了,中期目标慢慢地也就成了现实,中期目标实现得多了,最后就能实现长期目标。

比尔原来只是美国一家软件公司的普通职员。从他大学刚毕业走进公司的那天起,他就为自己定了一个目标:用两年的时间当上产品开发部的经理。从那天起,"部门经理"就像一面旗帜,他没有一天不按部门经理的标准来要求自己。

比尔的准备是辛苦的,他往往要比其他职员多做许多工作,休息时也要参加许多相关的培训课程。目标真是一个奇妙的东西,它使比尔每天都被疯狂的工作激情驱使着。虽然有些累,但是看着自己的卓越业绩,他便体会到了更深的幸福和快乐。

为什么比尔能从普通职员的岗位迅速升至主管,继而又升职为部门经理呢? 这是他时时用目标鞭策自己,并不断围绕目标积极行动与积累的结果。

心灵悄悄话
XIN LING QIAO QIAO HUA

不管是什么样的目标,困难的,还是简单的,今天就让我们把它清晰化吧,现在就给它制订一幅路径图,那么理想的实现就在不远的将来!

第三篇 改变自己,释放你的个性

赶走傲慢与偏见

我国古代有一则寓言,有一位农夫失落了一把斧子。他开始怀疑是隔壁人家的儿子偷的,在这种心理的支配下,他觉得那孩子走路的样子,说话的声调,脸部的表情和平常人都不一样,很像偷了东西的人。后来,他自己的那把斧子找到了,于是再留心观察隔壁人家的儿子,觉得他的一言一行,一举一动,脸部的表情又都不像一个偷斧子的人了。

这个故事告诉我们,**任何时候,都不要带着偏见去看待别人。**

可以说我们身边的每一个人,都有各自的思维方式、生活方式,不可能全都合我们的心意。所以说,如果想真心实意地和他人交往,首先应该改变的就是我们自己。如果对别人宽容些,彼此的关系自然就会好处了。我们不喜欢一个人,自然有我们的理由,我们见不得他身上那些我们看不惯的、与我们不相容的缺点,但是如果换个角度去看,也许你会发现对方身上的一些优点。

生活就是这样,很多不喜欢做的事情你却不得不去做,比如人际交往中的一些场合,我们不可避免地要和那些我们不喜欢的人打交道。

尽管在看到他们的时候,想离他们越远越好,但很多时候,我们又不得不与他们合作,离不开他们。甚至有时候为了达到目标,我们还必须和他们保持和谐的关系。

要做到这一点,并不是一件容易的事情。因为与自己喜欢的人交往是人的一种本能,而要与自己不喜欢的人和谐相处,却是一种能力。我们不能强迫对方一定要按自己的意愿去做事,我们甚至可以在心底反感别人,但一定要尊重别人。

学会尊重每一个人，无论这个人的身份和工作多么卑微，我们都应尊重他，这是我们应该具备的品质。要知道，尊重没有高低贵贱之分，因为，尊重别人就是在尊重自己。

李老师每年都会受邀参加某单位的杂志评审工作，他的这个工作报酬虽然不是很多，但确实是一项荣誉。很多人想参加却找不到门路，也有人只参加了一两次，就再也没有机会了。而李老师年年有此"殊荣"，正是这种"殊荣"让大家都羡慕不已。

在他年届退休时，有人问他其中的奥秘，他微笑着向人们揭开谜底。他说，他的专业眼光并不是关键，他的职位也不是重点，他之所以能年年被邀请，是因为他很会给别人"面子"，这显示出了他对别人的一种尊重。

李老师对别人说，他在公开的评审会议上一定会把握好一个原则，那就是多称赞、多鼓励、少批评。但会议结束之后，他会找来杂志的编辑人员，私底下告诉他们工作中的缺点。因此，虽然杂志有先后名次，但每个人都保住了面子。也正因为他顾虑到别人的面子，因此承办该项业务的人员和杂志的编辑人员都很尊敬、喜欢他，当然每年都找他当评审了。

我们活在这个世上，人人都需要别人的尊重与认可。当你主动尊重别人，给人以真诚、温暖与鼓励的时候，他们也将用同样的方式对待你。

人们大都对商店售货员的服务态度感到不满，认为这些售货员不是冷淡就是粗暴。可有一位老人家却说："我不抱怨那些售货员，他们有时也碰到很糟的顾客。可是，我总能得到很好的服务，他们对我都很友好，不过我是有意让他们这样做的。"

接着，她谈到了自己的方法："我走到一位售货员面前，微笑着说：'您能帮助我吗?'从来没人拒绝过我。接着我马上说我对要买的商品一窍不通，我很需要售货员的帮助。无论我买一颗纽扣还是一台冰箱我都这样说。这样，每个售货员都很乐意帮助我，并且我挑多久都没关系。"

这位老太太处世成功的关键就在于尊重人，使人觉得自己在对方的心目中是有分量的，既然你尊重我，我也就不能怠慢你。

曾经还看过这样一则故事：在一个著名企业的花园里，一位中年妇女

正在对一个小男孩发脾气。不远处,一位头发花白的老人正在修剪冬青树。中年妇女一边训斥男孩,一边将用过的卫生纸扔到老人修剪过的冬青树上。老人诧异地朝中年妇女看了一眼,中年妇女满不在乎,一连扔了四五团纸。老人一声不吭,将纸团一一捡进一旁的垃圾箱里,脸上始终没有因此流露出不满和厌烦的表情。

这时,中年妇女指了指修剪树木的老人对男孩说:"你看见了吧!不好好学习,将来就跟他一样没有出息,只能做些卑微低贱的工作。"老人听见后,放下手中的剪刀,和颜悦色地对中年妇女说:"夫人,这里是企业的花园,按规定只有企业的员工才可以进来。"

"那当然,我就在这企业工作!"中年妇女高傲地掏出证件向老人晃了晃,原来她是该企业某部门的经理。

老人沉默了一会儿,打了一个电话。很快,一名男子急匆匆地赶过来,恭恭敬敬地站在老人面前。老人说:"我现在提议免去这位女士在企业的职务。"

"是,我立刻按照您的指示去办。"

原来,老人是这个企业的董事长詹姆斯先生。詹姆斯吩咐完后径直走到男孩面前,亲切地摸着小孩子的头,意味深长地说:"孩子,爷爷希望你明白,这世界上最重要的是要学会尊重每一个人。"

心理学研究表明,人都有友爱和受尊重的欲望,而且这个愿望非常强烈。

心灵悄悄话
XIN LING QIAO QIAO HUA

请赶走傲慢偏见,尊重每一个人吧!尊重是一种美德,是一种巨大的精神财富。尊重是一种人格魅力,是一种强大的推动力。

第四篇 停止抱怨，改变你的人生

在日常的生活和工作中，我们听到最多的是什么？是赞美，还是抱怨？很遗憾，答案是后者。抱怨已成为人们最容易产生的情绪。一个国际研究组织曾对 25 个经济发达国家进行了一项"你是否每天都感到快乐"的调查，调查显示，有 60% 以上的人的回答是否定的。其中 20% 的人认为自己"每天都不快乐"，40% 的人常常生活在抱怨中。

我们无法选择与生俱来的一切，但可以选择对待生活的态度。把用来抱怨的精力放在工作上，敞开心扉，生活就可以更美好。每个生命都是普通的，许多事情大同小异，衡量它的，不是时间的长短。生命的含金量取决于生命的价值。

不抱怨地生活

《人生宝鉴》公布了一项很有意思的调查——假若一个人活了72岁,他这一生的时间是这样度过的:睡觉20年,吃饭6年,生病3年,工作14年,读书3年,体育锻炼、看戏、看电视、看电影8年,饶舌4年,打电话1年,等人3年,旅行5年,打扮5年——这只是个平均数。正是通过这个平均数,可以看到许多问题、想到许多问题。

每个生命都是普通的,许多事情大同小异,衡量它的,不是时间的长短。生命的含金量取决于生命的价值。

"有些人死了,但他还活着;有些人活着,可他已经死了。"臧克家的这句话对生命的长短和意义做了一个非常贴切的描述。不管你是否准备好,有一天一切都会结束。不再有旭日东升,不再有灿烂白昼,不再有一分一秒的光阴。你收藏的一切,不论是弥足珍贵的,还是已经忘记的,都将留给别人。你的财富、名望和权力都将变得微不足道,不管你拥有的还是亏欠的,都不再有意义。所有的嫉恨、冤枉、挫败和妒忌终将消失得无影无踪。同样,你的希望、雄心、计划和未竟之事都将终止,曾经无比重要的成败得失也将褪色。

那么,什么变得重要了呢? 你有生之日的价值怎么来衡量呢? 其实,重要的不是你所得到的,而是你所付出的;不是你学到的,而是你传授的;不是你的能力,而是你的人格;不是你认识多少人,而是在你离开时,有多少人感到这是永久的损失。

生命是令人敬畏的,无论是人类文明还是万千世界。人们往往惊叹生命的伟大,不是因为其有多漫长,而是因为其包含的内容无比丰富。

在非洲一望无际的大草原上,太阳无情地炙烤着大地,动物们似乎都被太阳征服了,趴在阴凉的树荫底下休息,整个大草原呈现出一片和平与宁静。忽然,不远处的草丛起火了,火势迅速蔓延开来。动物们纷纷出逃,只有一个蚁穴中的一群蚂蚁仍然像往常一样来来往往,进进出出。虽然那里暂时还比较安全,但过不了几分钟,那里也会是一片火海。

这群小蚂蚁想必是死定了!可是,意想不到的事情发生了:这群小小的蚂蚁毫不惊慌,它们井然有序地爬到一起,然后以蚁后为中心,裹成一个拳头大小的球。虽然这时大火来到了这群蚂蚁身边,但"蚂蚁球"借着风势一点一点地向前滚动。球体最外边的工蚁处于水深火热之中,但它们没有一只当逃兵。熊熊的火焰不断烧灼着"蚂蚁球",甚至可以听见蚂蚁被烧爆时"噼里啪啦"的声音。

随着时间的推移,这个"蚂蚁球"越来越小,最后寥寥可数的几只兵蚁裹着它们的蚁后来到一片安全的湿地。蚂蚁的身躯虽然微小,但它们的精神世界却无比宽宏博大,在大部族面临灭亡的时刻,它们挺身而出,毫不犹豫地选择了以自己的生命换取同伴的安全,部族的延续。烧死的蚂蚁生命很短暂,但换来的却是蚁族永久的生存。

既然生命的意义不在于长短,那么人们应该怎样度过自己的人生呢?从我们熟悉的《钢铁是怎样炼成的》一书中,也许能获得答案。"人最宝贵的东西是生命,生命对人来说只有一次。因此,**人的一生应当这样度过:当一个人回首往事时,不因虚度年华而悔恨,也不因碌碌无为而羞愧。**"这段名言诠释了生命的意义和价值。生命的意义时刻告诫我们:要为了自己的理想与信念而奋斗。也许会很困难,会遇到很多挫折,但只要重新树立生活的勇气,有正确的生活目标,就不会被生活拖累,不会被不幸压倒。

生命的起始和结束都是大自然的规律,是我们无法控制的事情,我们唯一能做的就是把握现在,我们虽然无法掌控生命的长度,但我们可以无限拓宽生命的宽度,我们应该在这仅有一次的、没有回头路的生命中,活出精彩,无论你的生命还剩下多少时间。

所以,无论何时,请记住,用来衡量人生的,不是生命的长短,而是其中所蕴涵的意义。

在我们的人生道路上,会有顺境,也会遇到逆境。人人都希望自己的人生道路一帆风顺,但这种美好的想法却并不现实。因为"人生逆境,十之八九"。环境是变化的,今天处于顺境,明天也许就会遭遇逆境。因此,在漫长的人生道路上,我们每个人都会不可避免地经历逆境,会遇到各种困难、挫折或失败。

许多人抱怨逆境,视其为成功的敌人,却不知逆境对人生的科学价值更高。对此,美国作家爱默生曾经说过:"逆境有一种科学价值,一个好的智者是不会放弃这种机会来学习的。"而剑桥大学教授弗里奇在《科学研究的艺术》一书中也说道:"人们最出色的工作往往是在处于逆境的情况下做出的。思想上的压力,甚至肉体上的痛苦都可能成为精神上的兴奋剂。"

这正如作用力越大,反作用力越强一样。逆境磨炼意志,激发才华,这就是逆境造就人生的真正含义。巴尔扎克说:"苦难是人生的老师。"

著名化学家格林尼亚教授,曾走过一段曲折的道路。少年时代,由于家境优裕,加上父母的溺爱,使得他没有理想,整天游荡。可是好景不长,几年后他家彻底破产,一贫如洗,昔日的朋友都离他而去,甚至连女友也当众羞辱他。从此,他醒悟了,开始发愤读书,立志追回被浪费的时间。多年以后,他研制出格氏试剂,获得了诺贝尔化学奖。

大作曲家贝多芬由于贫穷没能上大学,17 岁时又患了伤寒和天花病,26 岁时不幸失去了听觉,在爱情上也屡受挫折。在这种情况下,贝多芬发誓"要扼住生命的咽喉"。在与命运的顽强搏斗中,他的生命之火燃烧得越来越旺盛。逆境不但没有吓倒他,反倒成了他获得强大生命力的源泉。

法国画家约翰·法郎索亚·米勒,年轻时的作品一幅也卖不出去,他陷在贫穷与绝望的深渊里。后来,他迁居乡间。虽然他仍然未能摆脱贫困的厄运,但他并没有停止作画。从那以后,他的画更多地表现了美丽的

大自然和淳朴的农民，很多作品都成了美术画廊上的不朽之作。

孟子曾说：天将降大任于斯人也，必先苦其心志，劳其筋骨，饿其体肤，空乏其身，行拂乱其所为，所以动心忍性，增益其所不能。不可否认，自古以来的伟人，大多是抱着不屈不挠的精神、矢志不渝的决心和百战不殆的意志，从逆境中挣扎奋斗过来的。相反，当你身处顺境、春风得意时，也许危机正向你袭来。

科学家曾进行过一个著名的青蛙实验。如果把一只青蛙放在滚烫的开水中，它会立即跳出来，但是，如果把它放在 15℃ 的水中，它可能会待着不动，慢慢地把水温升到 20℃，它会更加怡然自得。然后缓慢不断地升温，最终会发现，青蛙会一直待在水中到煮熟为止。为什么会这样呢？答案很简单，舒适安逸的环境使青蛙变得反应迟钝。

人生同样如此。现在有不少年轻人找工作都想去所谓的好地方，待遇优厚，轻松自在。时间长了，就养尊处优，在困难面前裹足不前，畏首畏尾，这是十分危险的。如果你想成长、成材，就应该在艰苦的环境中磨炼意志和品质。

除此之外，**逆境对人生还有很高的道德价值。**

心灵悄悄话
XIN LING QIAO QIAO HUA

　　请别抱怨逆境，"逆境是到达真理的一条道路。"我们征服坎坷的过程本身也是一种幸福，这幸福又激励着我们勇往直前，去追寻远方绮丽的人生风景。所以，去经受风雨的考验吧，从风雨中走出来的人才可能成为生活中真正的强者。

抱怨的人没有前途

人们经常会听到一句话:"性格决定命运。"纵观历史,成功的人往往性格倔强,也就是我们常说的有牛脾气。正是凭这种牛脾气,他们往往能在遇到困难甚至遭遇命运的不公时,坚持走自己的路,不向命运屈服,最终成就大事业。

很多时候,牛脾气其实是一种坚持,一种自信,一种不达梦想誓不罢休的志气。

1996 年亚特兰大奥运会后,邓亚萍由时任国际奥林匹克委员会主席的萨马兰奇提名,成为国际奥委会运动员委员会的一名委员。国际奥委会在正式场合使用的官方语言是英语和法语,因此,只会说中文的邓亚萍,只好每次会议时都带翻译,而所有委员中,只有她一人带翻译,翻译过来的语言难免滞后,常让她陷入尴尬。性格倔强的她告诉自己,如此重要的工作岗位,自己一定要胜任!

1997 年,邓亚萍退役后进入清华大学学习。当时以她的英语水平,只能写出 26 个英文字母。

在日记中她写道:"现在我是清华大学最差的学生,但我相信,过不了多久,我会成为清华大学最优秀的学生。"

后来她在回忆这段生活时说:"上学和打球完全是两码事。为了赶上课程,我就拼命地学,导致睡眠不足,上课总是犯困,眼睛总也睁不开,恨不得用根棍儿把眼皮撑起来。在打球时,我两眼视力都是 1.5,毕业时,一只眼睛的视力已下降为 0.6 了。"正是凭着这股劲头,邓亚萍不但以优异的成绩获得了清华大学英语学士学位,而且获得了英国诺丁汉大学

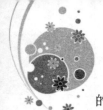

的硕士学位。

在此之后,邓亚萍又赴英国剑桥大学攻读博士学位。邓亚萍拿出打球时不服输的劲头玩命地学习,把研究方向定位于"2008 年奥运会对当代中国的影响"。而此时,作为国际奥委会委员,她一边要忙于北京奥组委的筹备工作,一边还要进行博士论文的准备。

辛勤的汗水终于换来了回报。2008 年 11 月 29 日,剑桥大学校长理查德在学校礼堂前的草坪上亲自授予邓亚萍经济学博士学位。那一刻,她泪流满面,哽咽着说:"在经历了 11 年的艰辛后,今天我终于圆了剑桥博士的梦,激动的心情绝不亚于夺得奥运会金牌。"

从运动员到优秀学子到投身政界,邓亚萍看似平步青云,此间所付出的努力又有谁能体会呢?可以说,正是这股牛脾气,使她承担起了这一切。

人可以有牛脾气,但不要钻牛角尖。以前和蔼可亲的老张最近就因为钻牛角尖而出现了明显的抑郁症状,还差点服安眠药自杀。

老张曾是一所中学的校长,去年 9 月份刚退休。本应该享清福的他,最近却变得郁郁寡欢。老伴说,退休前,老张常跟那些年轻教师打球、打扑克,日子过得挺悠闲,时常听他唠叨当天发生的事。从退休到春节前,他偶尔会回学校看看,到处走走,情况也还不错,他自己每天也觉得过得很充实。只是到了今年春节,老张一下子像变了一个人,因为今年春节几乎没有人来给他拜年。以前过春节时来拜访他的人很多,曾经很热闹的家今年变得异常冷清,老张一下子接受不了这样的落差,就开始觉得自己没有用,觉得对不起家人,生活也变得没有意义了,于是整天闷在家里。

春节后,老张就开始睡不着觉,孩子们给他买了安眠药,希望改善他的睡眠。不知道从什么时候开始,他就把每天的安眠药藏起来,直到前几天,老伴发现时,他已经收集了二三十粒安眠药,竟然还说是准备留着自杀的时候用。老伴担心他想不开,就把老张强拉到医院去向医生求助。

钻牛角尖的做法不会给事情的解决带来任何帮助,而且,爱钻牛角尖的人常常不切实际,一旦踏上一条道路就不问对错地一直走下去,甚至明明知道前方就是万丈深渊也不肯悬崖勒马。

邓朴初先生在《宽心谣》中曾这样说道："日出东海落西山,愁也一天,喜也一天;遇事不钻牛角尖,人也舒坦,心也舒坦。"不钻牛角尖,不但对心理健康有帮助,而且对工作生活也有好处,倘若遇到一点不如意就钻牛角尖,就想不开,很容易对工作产生抵触情绪,生活质量也会大打折扣,实在是划不来。

生活中有许多人抱怨自己没有运气,做什么事都不顺。然而,运气这种东西只是一种偶然,人可以一时走运,却不能一辈子都走运。相反,人一定得有志气,这是立身之基本,是一个人心灵的底线。

志气是与生俱来的,也有后天磨砺形成的。人要从小立志、立远志,然后为之而奋斗。

运气不以人的意志为转移,不受人的意愿所影响,但志气不一样,志气是求上进的决心和勇气,是要求做成某件事的气概,是可以随人的意愿而产生的。志气是有理想、有信心的表现。有志气的人,往往奋斗目标明确,意志坚定,不怕各种困难。越是在困难落后的条件下,越是能显示出志气。所以,人可以没有运气,但不能没有志气。

李登海初中毕业后回到农村,从 1970 年开始从事农业科研,研究玉米育种近 40 年,与"杂交水稻之父"袁隆平齐名,被业界誉为"南袁北李",被称为"中国紧凑型杂交玉米之父"。

20 世纪 70 年代,李登海初中毕业后回村任农科队长。一次偶然的机会获知,美国的玉米每亩最高产量达到 125 公斤,他就立下了这样的志向:"美国农民能做到的,中国农民也能做到。"几十年来,李登海不断努力,实现了从农民到科学家、企业家的精彩转型。

在黄土地里搞科研,要有吃苦的决心。"朝耕及露下,暮耕连月出。"李登海在山东和海南的玉米地里"拱"了 30 多年,住的是漏雨透风的茅草屋,吃的是自己烙的面饼子,穿的是汗迹斑斑的旧衣裤,巡夜时睡在地垄里,头脚套着麻袋抵御蚊虫,用 37 年的时间干了 97 年的活儿。这种历尽苦难、痴心不改的决心和毅力,令人肃然起敬。

在黄土地里搞科研,要有不气馁的精神。一个玉米新品种,从培育到成功,成功率只有十二万分之一。只有初中文化的李登海边干边学,在十二万分之一的成功率中寻觅奇迹,先后7次刷新中国夏玉米高产纪录,实现了从一亩地养活1个人到养活4个人的飞跃。不仅如此,他还把科技成果转化为现实生产力,培育出一个市值40多亿元的上市企业,把玉米种业发展成一个庞大的产业。

取得今天这样的成绩,不是因为李登海有多少运气,生活有多顺利,而是因为他有着令人敬佩的志气。

心灵悄悄话
XIN LING QIAO QIAO HUA

我们也许不能像名人一样流传千古,但一定要有自己的志向,堂堂正正做人。这样,我们才能如梅花一般,傲立于寒风中,屹立不屈。

抱怨不能解决任何问题

生活中,当你遇到困难或失败时,最先想到的是什么? 大多数人在遭遇失败或者被批评时,总是为自己找理由,因为他们害怕承担错误,害怕被别人笑话,或者只是想得到暂时的轻松和自我解脱。上班迟到了,可以说是因为堵车;工作出错了,可以说是领导决策失误;客户不满意,可以说是对方过于苛刻;升不了职,可以说是领导偏心……种种借口成了一部掩饰弱点,推卸责任的"万能器"。

许多人把宝贵的时间和精力放在如何寻找一个合适的借口上,而忘记了自己的职责。认为找到借口,就仿佛在冰山寒雪中找到了一张温暖的大床,可以驱赶严寒,得到暂时的温暖。殊不知,这样的借口使多少成功化为泡影;殊不知,这样的借口又吞噬了多少机遇,将希望无形掩埋。

相反,如果在遇到问题时不去寻找借口,生活将会是另外一番景象。

不找借口,生活中你可以与热情为伴,走向成功,也可以抓住希望的翅膀,继续飞翔。不找借口,遇到困难时就不会挖空心思,编织花言巧语为自己开脱,就会义无反顾、积极主动地去面对。那样,我们将永远充满热情,也就会离成功越来越近。

不找借口,你就比别人多了思考的时间。利用这个时间,你可以去熟悉你的工作,改正过去的错误,设想你的未来。利用这些时间,你可以去养精蓄锐,蓄势待发。

不找借口,意味着你比别人多了一份成功的机会,意味着你可以全力以赴地做事,没有私心杂念;不找借口,意味着你可以更好地挖掘自身的潜力,做别人不能做的事情;不找借口,意味着你的生活从此没有对抗,只有一个目标，简单明了；不找借口，意味着你是一个成功的人，一个负责任的人。

不找借口，看似没有后路可退，看似缺乏人情味，但它却可以激发一个人最大的潜能。无论你是谁，在生活中，无须找寻任何借口，失败也罢，做错也罢，让借口沉默，就能与成功结缘。

美国西点军校里有一个广为传诵的悠久传统，就是遇到军官问话时只有四种回答："报告长官，是！""报告长官，不是！""报告长官，不知道！""报告长官，没有任何借口！"除此之外，不能多说一个字。

"没有任何借口"是西点军校奉行的最重要的行为准则，它要求每一位学员要想尽办法去完成任何一项任务，而不是为没有完成任务寻找借口，哪怕是看似合理的借口。其目的是为了让学员学会适应压力，培养他们不达目的决不妥协的毅力。它让每一位学员懂得：工作中是没有任何借口的，失败是没有任何借口的，人生也没有任何借口。

据美国商业年鉴统计，第二次世界大战后，在世界 500 强企业中，西点军校培养出来的董事长有 1000 多名，副董事长有 2000 多名，总经理、董事一级的有 5000 多名，可口可乐公司、通用公司、杜邦化工都有他们的毕业生。任何一所商业学院都没有像西点军校那样培养出这么多优秀的经营管理人才。

要知道，任何一个优秀的员工都不会给自己的任何失败寻找推托的借口，他们会努力完成任务，会在事先做好计划，会在工作中坚定不移地朝着目标前进，全力以赴地排除困难，不言放弃。美国成功学家格兰特纳说过这样一段话："如果你有自己系鞋带的能力，你就有上天摘星的机会，再美妙的借口也于事无补。所以，**不如把寻找借口的时间和精力用到工作中来，仔细琢磨下一步该怎么去做。**"反过来说，面对失败，应该多作总结，找出原因所在，才能获得长远的成功。

美国职业篮球协会 1994～1995 年赛季的最佳新秀杰森·基姆在谈到自己成功的经历时说："小时候，父亲常常带我去打保龄球。我打得不好，便总是找借口解释自己为什么打不好。父亲就对我说：'别找借口了，这不是理由，你保龄球打得不好，是因为你不能总结自己所犯下的错误。'他说得对。后来我一发现自己的缺点便努力改正，决不找借口开脱。"达拉斯小牛队每次练完球，人们总会看到有个球员在球场内奔跑一小时，练习投篮，总结投球失败的原因。那就是杰森·基姆，因为他是一个不为失败寻找理由的人。

世上少有一帆风顺的事，而失败的事却随时会有。纵观历史，那些出类拔萃的伟人之所以会取得成功，正是因为他们能正确对待失败，从失败中获取教训，从而踢开失败这块绊脚石，踏上成功的大道。"失败是成功之母。"这似乎是老生常谈，然而却是一个被验证了无数次的真理。

马克思说："世界上没有真正的失败。因为宇宙万物都在时时变化，日日不断地茁壮发展。这是个大原则，不论如何失败，都是茁壮发展的过程之一。在某个时期或许算是失败，但过后，依然是一片无限生机。"另一位哲人也说："人生就像洪水奔流，如果不碰到暗礁与岛屿，就难以激起美丽的浪花。"

我们怕的不是失败，怕的是失去勇气和支持。战场上没有永远胜利的战士，失败了爬起来，接着努力拼搏，就是一种胜利！其实，跌倒了，能勇敢地爬起来的，就已经是勇士了。

失败固然会给人带来痛苦，但也能使人有所收获，每次失败，我们都能从中学到许多东西。它既向我们指出了工作中的错误缺点，又启发我们逐步走向成功。所以，当我们再次面对失败时，不要懊恼，不要沮丧，不要为失败找借口，而要认真分析总结，找出病症的原因所在，只有这样，才能踏着失败的基石走向成功，才能在未来的竞争中立于不败之地。

在实际工作中，你也许会面临种种的不如意。然而，面对此情此景，与其抱怨，不如努力提升自己的能力，这才是让自己的薪水不断上涨的最好途径。

提升能力，最容易做到的就是和"抱怨"说再见，让自己从一个被动听命行事的人，转变为一个主动思考做事的人。如果你还能经常做一些分外的事，那么，你就会被上司关注，并给他们留下良好的印象。

约翰大学刚毕业，就进入到一家出版社担任编辑工作。他的文笔很好，而且工作非常认真，博得了上司和同事们的一致好评。不过，出版社提供给新员工的薪水却比较低。工作了一段时间之后，薪水还是没有涨，于是，就有人抱怨道："原以为进入这家出版社能领到很好的薪水和福利，没想到薪水那么少！更气愤的是，都快一年了，社里都没有给我们涨工资的意思。"

不过，约翰并没有参与到这种私下里的抱怨之中。他只是埋头苦干，任劳任怨。因此，有人就笑他傻，领那么点薪水，还那么卖命地去工作。但他每次都只是微微一笑，然后又勤奋地投入到工作中去。

当时，出版社正在进行一系列图书的编辑工作，每个人都被分配了不少任务，都忙得不可开交。然而，出版社领导并没有增加人手的打算，所以编辑部的人也常常会被派往发行部去帮忙。不但新员工，就连老员工也对这个决定很不满。结果，整个编辑部只有约翰很乐意地接受了领导的指派，而其他人都是去了一两次就开始找借口躲避不去了。

有人偷偷地问约翰："你整天被指派来指派去地干那么多活，却领那么点薪水，你不觉得太亏了吗？要是我，早就不干了！"约翰哈哈一笑，然后回答说："**愿意多付出，才更容易收获。**我觉得多做事对我的成长很有好处。"

两年过去后，和约翰一起进社的新员工，有的已经被辞退，有的虽然还在编辑部里，但薪水待遇并没有提升多少。而约翰的薪水已经提升了20倍，并且担任了某编辑室的负责人。

十年后，他离开了这家出版社，成立了自己的出版公司。再后来，约翰成了有名的出版人。

可以看到，与其抱怨，不如改变。当你主动地多付出和多做分外之事时，你就等于走上了职业发展的快车道。

美国著名的《时代周刊》总编查尔斯在刚刚开始参加工作时只不过是一个周薪6美元的《论坛报》的责任编辑，可为什么后来他能够取得这么大的成就呢？

也许，我们可以从他的日记中找到答案：

"为了收获成功的机会，我必须比其他人更努力地工作。当我的伙伴们在剧院时，我必须在工作室；当他们在熟睡时，我必须在学习。"他坚持每天工作13～14个小时，正是这种努力使他获得了成功。

著名投资专家坦普尔顿通过大量的调查研究，得出了一条很重要的结论："取得突出成就的人与取得中等成就的人几乎做了同样多的工作，前者仅仅是多做了一份努力，却取得了与后者有天壤之别的成就。"

成功学家陈安之也说过："我发现一个人之所以成功，是因为他的实践行动次数比别人多。我发现我之所以在30岁之前取得了不错的绩效，是因为我行动的次数比其他人要多。"

要知道，在工作中，遇到一些不公平的事情是正常的，也是暂时的。如果我们经常把不满、不幸的事挂在嘴边，认为命运在跟自己过不去，过分强调外在因素，而没有从自身查找原因，那么就会陷入抱怨的深渊，看不到成功的阳光。

很多时候，我们应该检视一下自己是不是足够努力，是不是尽了全力，而不是一味地抱怨自己缺少成功的机会。

工资少、环境差、任务重、压力大、经常加班、没有奖金、缺少福利……这些问题也许存在，但这不能成为我们对工作失去热情的借口和原因。

公平是相对的，关键在于你自己有没有做到足够好、尽到全部力。如果你能化抱怨为动力，用时间磨炼自己，用努力改变自己，用事实证明自己，让自己不断成长，就会创造出你理想中的公平。

某著名主持人曾为大学生作报告，她用自己的亲身经历，为即将走上工作岗位或面临就业选择的大学生们上了一堂生动的职场课。

她大学毕业后被分到一家经济类报社当记者。可出乎她意料的是，报社领导把她分配到通联部去抄信封。整整3个月，她都是与信封为伴。

当时她感到很失望，甚至是绝望，大学毕业怎么就做这个谁都能做的写信封的工作啊？虽然一时有些想不通，可是她照样好好干。3个月之后，她写信封写得又快又好，一个人能够完成3个人的工作量。

领导看她的表现突出，就主动地问："想不想干点其他工作?"从此以后，她先后成了文摘版、理论版和副刊的编辑……

她在回顾自己的第一份工作时深有感触地说："如果你拥有一份工作，那就不错了；如果你拥有一份工作，而且还很喜欢，那你已经很幸运了；如果你拥有一份工作，它又能让你生存，而且又是你所喜欢的，那你已经很幸福了。"

心灵悄悄话
XIN LING QIAO QIAO HUA

以平和的心态对待自己的境遇，凭借自己的努力去改变命运，这比抱怨要有用得多。要记住，你在抱怨的时候，别人很可能在更努力地工作，那么，本来水平不如你的人就会在你抱怨的时间里学到更多的知识，积累更多的经验。而你的抱怨除了让自己落后于别人以外，毫无用处。

别忽略了今天

今天是昨天的延续，明天是今天的继续。对于每个人而言，昨天已成过去，明天还没有到来；我们无法把昨天请回来，我们也无法提前拥有明天。我们可以把握的只有今天。曾有一位朋友说过：当你为昨日悔恨而做着明日梦的时候，你唯一拥有的现在已经悄然溜走。

明日复明日，明日何其多。我生待明日，万事成蹉跎。《明日歌》道出了人们经常以明日为懒惰的借口，指出明日成为我们碌碌无为的诱因。同样，也有文嘉所作的《今日诗》，劝解人们要珍惜眼前，珍惜当下时光：今日复今日，今日何其少！今日又不为，此事何时了。人生百年几今日，今日不为真可惜！因此，我们虽要努力关注明天，但也别忽略今天。

明天是无尽头的时光隧道，明天是空旷、缥缈的，但明天充满了希望、梦想和期待。明天是我们理想的高地，是我们幸福的乐园，是上帝赐予我们的天堂。我们要以此来给自己以信心、鼓励，带着好奇心去关注明天。

但在有些人看来，今天似乎并不重要，只要等到明天，一切都会梦想成真。很多人总习惯于把今天该做的事情拖延到明天，总是喜欢说：等明天吧。就像一年四季，春种夏长秋收冬藏，秋季的收获来自春天的播种和夏日的浇灌，丰收的果实是汗水的结晶，不是等出来的。

卡耐基曾经说过，我所了解的人性最可悲的地方是，我们全都有把生活挪后的倾向。我们全都梦想着远方某个神奇的玫瑰，却不知道享受今天盛开的鲜花。也许为了明天奋斗，将享受挪后已被我们认为是美德，而忽略了身边的美景。

古时候有个小和尚，他的职责就是保持寺庙里院子的清洁。每天早晨,他都要早早起床将院子清扫一遍。但清晨起床扫落叶实在是一件苦差事,尤其是在每年的秋冬之际,每一次刮风时,大量的树叶就会随风漫天飞舞而下。每天早晨都需要花费许多时间才能清扫完树叶,这让小和尚头痛不已,他绞尽脑汁想要找一个好办法让自己轻松一些。

后来,庙里有一个自以为聪明的和尚得知小和尚的想法后,对小和尚说:"你在明天打扫之前先使劲摇树,把树上剩下的树叶全部摇下来,后天不就可以不用扫落叶了嘛。"

小和尚听罢,觉得这确实是一个一劳永逸的好办法。于是,第二天就起了个大早,使劲地猛摇每一棵树,还沾沾自喜地以为可以把今天与以后的落叶一次性扫干净了,一整天他都非常开心。然而让他意想不到的是,隔天早晨,小和尚眼前的院子里依旧如往日一样落叶满地。因此,他还得继续扫地。

这时,寺庙的住持走了过来,见小和尚闷闷不乐,他问清原委之后对他说:"傻孩子,无论你今天怎么用力,明天的落叶还是会飘下来的。"

这个故事告诉我们,世界上有很多事情是无法提前的。脚踏实地地把握好今天,才是面对人生最正确的态度。只有今天,才是真正实在的时段。抓住了今天,就是真正抓住了时间的要穴。在今天的沃土中种下真诚与善良的种子,明天才会有一个幸福美满的结果。

今天是短暂的,是飘忽不定、变化无常、稍纵即逝的。但今天又是最现实、最明朗的,是唯一掌握在手中的。今天是行动,明天是计划。没有今天,计划的明天就会落空。没有今天,就达不到明天的彼岸。

人的一生只有三天——昨天、今天与明天。昨天属于过去,只是一段回忆;今天属于现在,需要我们去珍惜;明天属于未来,让我们寄托希望。

明天是美好的,今天却是更重要的。所以,我们既要关注明天,也别忽略今天。

歌德说:忘掉今天的人将被明天忘掉。享有"西方兵圣"之誉的克劳塞维茨也说过:创造明天的是今天,创造将来的是眼前,当你痴痴地坐等将来的时候,将来就从你懒惰的双手中畸形丑陋地走出来。

明天犹如大海的彼岸，是目标，是方向，是希望，是理想，而今天犹如航船上的罗盘、马力，需要不断努力，不断前行，才能顺利到达彼岸。

我们在仰望星空的时候，不要忘了注意脚下。没有今天的付出，就没有明天的收获。如果今天不努力，明天也只是今天的重复。今天该做的不做，那么明天跟今天一样一无所获。只有实实在在把握住今天的人，才有美好的明天，而等待明天的人永远没有美好的明天。

每天，当太阳升起来的时候，大草原上的动物们就开始奔跑。狮子妈妈在教育自己的孩子："孩子，你必须跑得快一点，再快一点。你要是跑不过最慢的羚羊，你就会活活地饿死。"在另外一个场地上，羚羊妈妈也在教育自己的孩子："孩子，你必须跑得快一点，再快一点，如果你不能比跑得最快的狮子还要快，那你就肯定会被他们吃掉。"

人生就是如此。无论在生活中还是在工作中，大家都希望得到一种安全感。然而在现在这个竞争激烈的社会中，谁都无法将自身处于一个安全的位置，来自外界和自身的压力会不停地让我们充满危机。

例如，在工作中我们常常会感觉到知识危机。我们处在一个知识经济的时代，据统计，全球每天发表的新论文数，一个人穷尽一生也看不完，知识的更新速度极其快。也许我们在知识的海洋里稍微有所懈怠，我们就已经落后时代一小步了，久而久之，如果不增加自己的知识，就一定会被时代所淘汰。所以，我们必须不断学习，保持清醒的头脑，持续补充我们的知识，只有这样，我们整个人才能鲜活起来。

除了知识危机，我们也注意到了职业危机。所以，我们要从这种压力中获得动力。不断追求创新、时刻保持激情，让我们的生活节奏变得更快、更有效率、更加丰富多彩。

我们面对的危机有很多，如果你没有感受到它已经在你身边，那么你很可能已经深陷在危机之中了。

保持危机意识，并不是让大家惶恐不安。时刻警惕着变化，当变化来临的时候就不会觉得可怕了。我们不难发现，越是优秀的人越是抱有危机意识，总是对自己不满足，以此作为前进的动力，希望自己可以做得更好，这就是他们之所以优秀，之所以比他人成功的关键所在。所以，我们应该感谢我们时常抱有的危机感让我们在竞争中立于不败之地，让我们可以获得更多的安全感。

沙丁鱼是西班牙人最喜欢吃的鱼类之一，市场需求很大。但沙丁鱼的生存条件很苛刻，一旦离开大海，便难以存活。当渔民们把刚捕捞上来的沙丁鱼放入鱼槽运回码头后，过不了多久，沙丁鱼就会死去。而死掉的沙丁鱼味道不好，销路也差。倘若抵港时沙丁鱼还存活着，活鱼的卖价要比死鱼高出若干倍。为了延长沙丁鱼的存活期，渔民们想方设法让鱼活着到达港口。后来渔民们想出一个办法，将沙丁鱼的天敌鲇鱼放在运输容器里。因为鲇鱼是食肉鱼，放进鱼槽后，鲇鱼便会四处游动寻找小鱼吃。为了躲避天敌的吞食，沙丁鱼自然加速游动，从而保持了旺盛的生命力。如此一来，沙丁鱼就一条条活蹦乱跳地到达渔港。

需要注意的是，**时刻保持危机感并不是要我们以悲观的态度去看待一切**。我们要明白，危机感是一种心理状态，聪明的人都善于在逆境下保持危机感，在危机中看到契机。

微软的比尔·盖茨总是怀有危机感："微软离破产永远只有 18 个月。"海尔的张瑞敏总是感觉"每天的心情都是如履薄冰，如临深渊"。联想的柳传志总是认为："你一打盹儿，对手的机会就来了。"百度的李彦宏经常强调："别看我们现在是第一，如果你 30 天停止工作，这个公司就完了。"创建过亚信公司、中国宽带产业基金，担任过网通总裁的田溯宁也认为："企业成长的过程，就像是学滑雪一样，稍不小心就会摔进万丈深渊，只有忧虑者才能幸存。"

这些身经百战的创业家们都深知缺少危机感的后果。我们每个人的内心也都需要适度的危机感，使自己保持进取的斗志，保持勇于拼搏的胆量。

孟子说："生于忧患，死于安乐。"意思是说一个人或一个国家如果保持忧患意识，不松懈，那么便能生存；如果长期安逸享乐，那么就有可能自取灭亡。

正如黑夜和白天总是密不可分，没有黑夜就没有白天。危险和机会也总是并行，机会的背面就是风险。正如哈佛商学院教授理查德·帕斯卡尔所说的那句名言："21世纪，没有危机感是最大的危机。"

危机随时都可能出现，可你往往对什么事情都不清楚，信息很少，但臆测和谣言却很多，或者信息多得无法筛选出哪些是真正重要的。这时我们该怎么办？是转危机为契机还是被危机打垮？

心灵悄悄话
XIN LING QIAO QIAO HUA

我们需要冷静下来，找到真正的问题所在，并信心十足地处理危机，同时发动自己所有可动用的资源，尽量让大家都参与进来，共同努力应对危机。要知道，危机其实是为我们提供了一个发掘自己潜能的机会，我们可以从中收获更多。

第四篇 停止抱怨，改变你的人生

给心灵放个假

没见过一块发条永远上得十足的表会走得长久;没见过一辆马力经常加到极限的车会用得长久;没见过一根绷得过紧的琴弦不易断;也没见过一个心情日夜紧张的人不易病。所以善用表的人永不把发条上得过足;善驾车的人永不把车开得过快;善操琴的人永不把琴弦绷得过紧;善养生的人永不使心情日夜紧张。

第二次世界大战时,丘吉尔到北非蒙哥马利行辕去闲谈时,蒙说:"我不喝酒,不抽烟,到晚上 10 点钟准时睡觉,所以我现在还是百分之百的健康。"

丘吉尔却说:"我刚巧跟你相反,既抽烟,又喝酒,而且从不准时睡觉,但我现在却百分之二百的健康。"很多人都引为怪事,丘吉尔这样一位身负两次大战重任,工作繁忙紧张的政治家,生活这样没有规律,何以长寿,而且还百分之二百的健康呢?

其实只要稍加留意就可知道,他健康的关键,全在有恒的锻炼,轻松的心情。其既抽烟,又喝酒,且不准时睡觉则不足为训。你没见他在战事最紧张的周末还去游泳吗? 没见他在选举战白热化的时候还去垂钓吗? 没见他刚一下台就去画画吗? 没见他那微皱起的嘴边上,斜插着一支雪茄的轻松心情吗?

使心情轻松的第一要义是"知止"。"知止"于是而心定,定而后能静,静而后能安,静而且安,心情还有什么不轻松的呢?

使心情轻松的第二要义是"谋定后动"。做任何事情,要先有个周密的安排,安排既定,然后按部就班地去做,就能应付自如,不会既忙且乱了。在这瞬息万变的社会里，当然免不了也会出现偶发事件，此时更要沉住气，详细地安排。事事都要谋定后而动，就一定能像谢安那样在淝水之战最紧张时还能有闲情逸致下棋了。

使心情轻松的第三要义是不做不胜任的事。《史记》的《酷吏列传》里有"胜任愉快"一词，合理至切。假如你身兼八职，顾此失彼；或用非所长、心余力绌，心情又怎能轻松呢？

使心情轻松的第四要义是"拿得起，放得下"。对任何事都不可一天24小时地念念不忘，寝于斯，食于斯。否则，不仅于身有害，且于事无补。

使心情轻松的第五要义是在轻松心情下工作。工作尽可紧张，但心情须轻松。在你肩负重担的时候，千万记住要哼几句轻松的歌曲。在你写文章写累了的时候，不妨高歌一曲。要知道心情越紧张，工作越做不好。

一个口吃的人，在他悠闲自在地唱歌时，绝不会口吃；一个上台演讲就脸红的人，在他与爱人谈心时一定会娓娓动听。要想身体好，工作好，就一定要在轻松的心情下工作。

每一件事都多腾出些时间来，就会不慌不忙，从容不迫了。最好的办法就是把自用表拨快一个相当的时间。时时刻刻用表面上的时间提醒自己，如此则既不误事，又可轻松。

很多医学家都告诉我们在轻松的心情下吃东西容易消化；在紧张的心情下吃东西容易得胃病。一个心情经常轻松的人沾枕头就睡着；一个心情经常紧张的人容易失眠。

一个永远从容不迫的人准能长寿；一个紧锁眉头经常紧张的人定会早亡。给心情放个假，你便会时时快乐，无忧无虑。

人的情感就是这样，总是希望有所得，以为拥有的东西越多，自己就会越快乐。所以，这人之常情就迫使我们沿着追寻获得的路走下去。可是，有一天，我们忽然惊觉：我们的忧郁、无聊、困惑、无奈，一切不快乐，都和我们的图谋有关，我们之所以不快乐，是我们渴望拥有的东西太多了，或者，太执着了，不知不觉中，我们就会盲目地执着于某一件事。

譬如说，你爱上了一个人，而她却不爱你，你的世界就微缩在对她的感情上了，她的一举手、一投足，衣裙细碎的声响，都足以吸引你的注意力，都能成为你快乐和痛苦的源泉。

有时候，你明明知道那不是你的，却想去强求，或可能出于盲目自信，或过于相信精诚所至、金石为开，结果不断地努力，却遭来不断的挫折，弄得自己苦不堪言。世界上有很多事，不是我们努力就能实现的，有的靠缘分，有的靠机遇，有的我们能以看山看水的心情来欣赏，不是自己的不强求，无法得到的就放弃。

懂得放弃才有快乐，背着包袱走路总是很辛苦。中国历史上，"魏晋风度"常受到称颂，它于老子、孔子，哪一家也说不上，但是哪一家都有一点，在人世的生活里，又有一份出世的心情，说到底，是一种不把心思凝结在"斧子"上的心态。

懂得了放弃的真意，也就理解了"失之东隅，收之桑榆"的妙谛。多一点中和的思想，静观万物，体会与世界一样博大的诗意，适当地有所放弃，这正是我们获得内心平衡，获得快乐的好方法。

夜莺，即使是垂垂老矣的那只，仍以她那美妙的歌喉歌唱出甜蜜与爱。

没有什么东西能比一个阳光灿烂的微笑更能打动人的了。

微笑具有神奇的魔力，她能够化解人与人之间的坚冰；微笑也是你身心健康和家庭幸福的标志。

无论你在什么地方，无论你在做什么，在人与人之间，简单的一个微笑是一种最为普及的语言，她能够消除人与人之间的隔阂。人与人之间的最短距离是一个可以分享的微笑，即使是你一个人微笑，也可以使你和自己的心灵进行交流和抚慰。

一旦你学会了阳光灿烂的微笑，你就会发现，你的生活从此变得更加轻松，而人们也喜欢享受你那阳光灿烂的微笑。

百货店里，有个穷苦的妇人，带着一个约 4 岁的男孩在转圈子。走到一架快照摄影机旁，孩子拉着妈妈的手说："妈妈，让我照一张相吧。"妈妈弯下腰,把孩子额前的头发拢在一旁,很慈祥地说:"不要照了,你的衣服太旧了。"孩子沉默了片刻,抬起头来说:"可是,妈妈,我仍会面带微笑的。"当我们读到这则故事,我们相信每一个人的心都会被那个小男孩所感动。

如果你在生活的摄像机前也像那个贫穷的小男孩一样,穿着破烂的衣服,一无所有,你能坦然而从容地微笑吗?

面对着亲人,你的一个微笑,能够使他们体会到,在这个世界上,还有另外一个人和他们心心相连。

面对着朋友,你的微笑,能够使他们体会出世界上除了亲情,还有同样温暖的友情。

走遍世界,微笑是通用的护照;走遍全球,阳光雨露般的微笑是你畅行无阻的通行证。不仅如此,你的笑容,甚至也能给人带来巨大的成功。

美国旅馆大王希尔顿于 1919 年把父亲留给他的 12000 美元连同自己挣来的几千美元投资出去,开始了他雄心勃勃的经营旅馆的生涯。当他的资产奇迹般地增值到几千万美元的时候,他欣喜而自豪地把这一成就告诉了母亲。

出乎意料的是,他的母亲淡然地说:"依我看,你和以前根本没有什么两样……事实上你必须把握比 5100 万美元更值钱的东西:除了对顾客诚实之外,还要想办法使来希尔顿旅馆的人住过了还想再来住,你要想出这样一种简单、容易、不花本钱而行之久远的办法去吸引顾客。这样做的旅馆才有前途。"

经过了长时间的迷惘,经过长时间的摸索,希尔顿找到了具备母亲说的"简单、容易、不花本钱而行之久远"四个条件的东西,那就是:微笑服务。

这一经营策略使希尔顿大获成功,他每天对服务员说的第一句话就是"你对顾客微笑了没有?"即使是在最困难的经济萧条时期,他也经常提醒职工们记住:"万万不可把我们心里的愁云摆在脸上,无论旅馆本身遭受的困难如何,希尔顿旅馆服务员脸上的微笑永远是属于旅客的阳

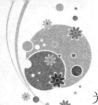

光。"就这样，他们度过了最艰难的经济萧条时期，迎来了希尔顿旅馆业的黄金时代。

心灵悄悄话
XIN LING QIAO QIAO HUA

不论你现在从事什么工作，在什么地方，也不论你目前遇到了多么严重的困境，甚至你的人生遭遇了前所未有的打击，用你的微笑去面对它们，面对一切，那么一切都会在你的微笑前低头。

改变——总把新桃换旧符

第五篇　改变情绪，平常心最快乐

可以说情绪是人生成功或失败的关键因素之一，它们的组合，既能意义非凡，又能混乱无章，这完全由你决定。在我们做事的过程中，多少都会受到情绪的影响。由于情绪可为我们带来伟大的成就，也可能使我们失败，所以，我们应该重视情绪的力量。情绪实际上就是个人心态的反映，而心态是你可以组织、引导和完全掌控的对象。所以，我们要学会控制情绪，让积极情绪为我所用。

快乐是一种流动的空气，你关上门，则快乐无法流向你；而当你敞开心胸，乐于付出时，快乐、富裕和真正的自由，便进入你的心中。

快乐是一种流动的空气

有一个故事讲，一位富商花费巨资收藏了许多珍贵的古董、字画以及各种珍珠、翡翠等；为防失窃，他安装了严密的保安系统，平日里很少进去欣赏，只当成个人财富的一部分用来炫耀。

有一天，富商突然心血来潮，决定让大厦清洁工进去开开眼界。

清洁工进去后，并未流露出艳羡之色，只是慢慢地逐一浏览，细细地欣赏。待步出厚厚的铁门时，富商忍不住炫耀说："怎么样？看了这么多的好东西，不枉此生了吧？"

那个清洁工说："是啊，我现在自觉与你一样富有，而且比你更快乐。"

那富商大惑不解，面露不悦。

"你所有的宝贝我都看过了，不就是与你一样富有了吗？而且我又不必为那些东西担心这担心那的，岂不比你更快乐？"

快乐是一种流动的空气，你关上门，则快乐无法流向你；而当你敞开心胸，乐于付出时，快乐、富裕和真正的自由，便进入你的心中。

爬山、旅行、打球做什么都没情趣。怪不得美国心理学家约翰·兰德指出："借口是人类的最大敌人，它使人多了被动，少了主动；缺乏积极，引进消极。借口愈多，表示愈缺乏人生动力。"

没借口的人，把生活寄在现在；有借口的人，把生活交给未来——等孩子再大一点、退休再说、升官就有希望、连续中奖三次就好了、等事业有成。

然后等到一切都来不及，才善罢甘休。少一个借口，原来可以多一个

浪漫。

说做就做：生活跟着感觉走便对了，今天很想看场电影，就去了；现在很想喝杯珍珠奶茶，便喝了；朋友邀你爬山，时间许可，便去了；快乐的事，不要等到明天。

0.1 大于 0。应该坚信，小小的付出，所得到的便是积累。不把时间拿来作无谓的争辩，做一点算一点，离成功便不远。未来的事交给未来吧。

营造情趣：生活要有情趣。即使只是浇浇花、听听音乐，都很有情调。哲学家说，只要不找借口，人生便会向美好快乐的方向前进。

人生苦短，但偏偏有些人为那些本来可以很快忘记的小事而烦恼，以至于丰富多彩的生活在他那里变成了灰色人生。一旦提及他们的不快乐，他们还振振有词：生活本来就是这样嘛。有人统计，人的一生，75% 以上的时间在痛苦、烦恼，只有 25% 的时间在享受欢乐。人生的确是痛苦比快乐多。

正因为快乐是如此短暂，为什么不多多地占有享受这 25% 的时间呢？人生本来苦恼已多，我们为什么不在这苦恼中寻求快乐呢？让我们都做一个快乐的不倒翁，而绝不让生活的琐碎挡住我们追寻的脚步。

一、不要因为别人的批评而烦恼

渴求赞美，这是人的一种共性。但现实生活中，我们不可能时时让悦耳的称赞充盈于耳，更要面对难听的指责、无情的批评，甚至是恶意的攻击。而且有些人为了达到自己的目的，为了抬高自己，乐此不疲，颇有绝招。但有些人就是爱中他人之计，与之较真、与之反抗，甚至使之成为自己的一大精神负担与压力。记住前人的一句哲理之言：走自己的路，让他人去说吧！

二、别为小事而烦恼

卡耐基告诫我们：我们活在世上的光阴只有短短几十年，但我们却浪费了很多时间，为一些一年内就会被忘了的小事发愁。这是多么可怕的损失。

我们通常能很勇敢地面对生活中那些大的危机,可是,却被芝麻小事搞得垂头丧气。

芝加哥的约瑟夫·沙巴士法官在仲裁了4万多件不愉快的婚姻案件之后,说道:"婚姻生活之所以不美满,最基本的原因通常都是一些小事情。"而纽约的地方检察官法兰克·荷根也说:"我们的刑事案件里,有一半以上是缘于一些很小的事情:在酒吧中逞英雄、为一些小事情而争吵不休、讲话侮辱了人、措辞不当、行为粗鲁——就是这些小事情,结果引起伤害和谋杀。"

生命太短了,我们不能被小事绊住前进的脚步。

我们不都像森林中的那棵身经百战的大树吗? 我们经历生命中无数狂风暴雨和闪电的打击,但都撑过来了。可是却会让我们的心被忧虑的小甲虫——那些用大拇指跟食指就可以捏死的小甲虫吞噬。

面对我们的生活,也许你有点疲惫不堪,但这种不幸的境界,又何尝不是你每天积累的忧虑? 也许,你确有难言的忧虑,以致使你对以后的人生失去多半的兴趣,但是,你却可以用另外一把钥匙去打开快乐之门——而一改你忧愁不堪的形象。

如果我们把忧虑的时间,特别是用在一些小事上的时间去寻找事实,那么忧虑就会在智慧的光芒下消失。

快乐的人生,带给你的是永远的自信和脸上隐不去的微笑。

自信和微笑带给你的又是充满朝气的个人形象,和蔼可亲的交际性格。交际方面的胜利,形象的完美,健康的心境带来的不可能不是个人的成功。要在忧虑改变你以前,先改掉忧虑的习惯。

三、不要试图改变不可避免的事实

人生之路充满了许多未知未卜的因素,这些因素大致可以分为两类:一类是可以改变的,我们可以通过自身的努力,或改变一定的条件而使之转化;另一类是无法改变的,无论我们付出何种努力,也无法改变这一不可避免的事实。因此,当我们面对后者时,就得认定事实,做出积极乐观的反应,这才是一种可取的态度。

每日我们似乎都被有关快乐的普通心理学忠告所淹没,但那无情的消息却是:为了快乐,我们应该做些事情——作出正确的选择,或是拥有一套正确的自我观念。

与此同时,还有另一种观念——快乐只是一种短暂的状态,如果我们总不快乐,必定就是有问题。

然而,更多的人所经历的并不是一种短暂的快乐状态,快乐是一件更普通的事情,是一种被小品文作家休·普拉瑟称作是"由难以解释的问题,莫名其妙的成功与失败——很少有片刻完全的平静所组成"的混合物。

也许你会说自己昨天很不快乐,因为你与老板之间有个误会,但是就真的没有快乐而完全平静的时候吗?……你只记得这一天过得很糟,却忘记在这一天当中,仍有很多美好的时光。

快乐是一种态度,而不是状态。这种态度在于你清洗百叶窗时听着咏叹调;收拾衣柜时依然兴致勃勃;家人围坐在餐桌边吃团圆饭时其乐融融。快乐就在眼前,而不是某个遥远的承诺——等我们有时间……

心灵悄悄话
XIN LING QIAO QIAO HUA

有什么样的选择,就会有什么样的人生。同样的道理,如果你每天都选择快乐,那么忧愁和痛苦就会远离你。

切勿心浮气躁

为什么我们的心境会往返于得意、狂喜、傲慢、迷茫、沮丧、焦虑、恐惧甚至绝望之间？**我们为什么会如此浮躁？这是因为我们缺乏幸福感，缺乏快乐，太过于计较得失。**

其实，浮躁就是失衡的心态在作祟。当压力太大、急于成功、太闲太忙、缺乏信念、过分追求完美等问题出现且没有得到满意的解决时，便会心生浮躁。

作为一种心理现象，浮躁的核心是人的朴素、本能的生命冲动和物质欲望。

浮躁的深层特点是重外延轻内涵，重数量轻质量，重表面轻实际，重短期轻长远。

它与艰苦创业、脚踏实地、公平竞争是相对立的。浮躁使人失去对自我的准确定位，使人随波逐流、盲目行动，对个人和集体都极为有害，因此，我们必须想方设法减少和消除这一不健康的心理。

现代社会有许多心态浮躁的大学生，在毕业求职中总想往大城市、大企业钻，往高收入、高地位的地方挤。但自己又才疏学浅，不能正确估计自己的能力，结果自然是折腾了好几个月，却无功而返。而后还难以反省改过，不清楚是自己志大才疏、眼高手低的结果，总以为是怀才不遇、社会不公，因而怨天尤人、愤世嫉俗。

小李从新闻专业毕业之后，顺利进入一家报社做财经记者。不到两个月，还没等和同事们混熟，他就跳到南方一家报社做起了财经记者。

小李是在网上看到的招聘信息，投了简历之后得到了去参加考试的通知。

因向往南方的大城市，勇敢的他毅然辞掉了原来的工作，孤注一掷地奔向南方。还好获得了聘用。

第二份工作小李只干了半年时间。因为工作强度太大，在南方城市又人生地不熟，有些适应不了。

于是，他又辞职了。再找新的工作就没有那么顺利了，他花了三个月时间，手头的积蓄也差不多花完了，才又进入另外一家报社。而一切又得从零开始。

这份工作他坚持了四个月，因为工作辛苦，且待遇不理想。小李觉得自己的丰富经历是以后能轻松找到好工作的资本，所以，他放心地辞职了。

有时候工作并不好找，他失业三个月之后，才进入一家公司做企划宣传。小李把这段时间当成一个过渡期，一直在寻找新的机会。

半年后，他又被一家报社的行业周刊聘用。这次他干了将近一年。当同学们都以为小李这回要踏实干下去的时候，他又辞职了。

他想和一个朋友合伙开公司，自己当老板。几个月过去了，小李还没有动静。

而小李的一些同学则很踏实，虽然没有像小李一样走马观花地领略不同的风景，但经过三年时间的积累，已经在同行中崭露头角，成为报社的新闻主笔或者重要版面的编辑，待遇都很不错。

其实，像小李这样冲动的人还大有人在。他们不能学以致用、嫌发展空间小、待遇低、学不到东西或者人际关系处理不好等，而这些都是因为心态浮躁，缺少规划，没有明确的目标和努力的方向造成的。结果荒废了历练的大好时间，错过了成功的机会。

同一所大学毕业的两个国际贸易系的同学，在校时都品学兼优，特别是在英文和计算机操作方面优势突出，毕业后又一同到了北京一家著名的外企公司,令同学们羡慕不已。

没想到,两个月后,同学甲就因为另外一家外企用高薪、股权诱惑,离开了原公司。

同学乙对本公司的文化已经非常认同,并不看好同学甲去的那家公司。乙苦劝甲不要贸然跳槽,但被冲昏了头脑的同学甲去意已决,当月就走人了。

然而,令同学甲没有想到的是,那家外企的资金链异常脆弱,还处于融资阶段。

不久新公司的运转就出了问题,连正常薪水都无法发放。于是,同学甲又跳槽了。

在余下的时间中,他就像一头寻不到猎物的狮子,一次比一次失望,并后悔当初的举动……短短几年时间里,同学甲已经相继涉足了软件、网络、销售、广告、翻译、汽车、出版等多个行业,什么都会一点,但什么都不精通、不专业,只好一直做初级工作,以前的技术也落后了。奋斗了几年,还是两手空空。

由此可见,**浮躁是各种心理疾病的根源,是成功、幸福和快乐的绊脚石,是我们人生幸福的大敌。**

无论是企业还是个人,都不可浮躁,如果一个企业浮躁,往往会导致自身无节制地扩展或盲目发展,最终会没落;如果一个人浮躁,则容易变得焦虑不安或急功近利,最终会失去自我。

浮躁就像一个黑洞,无声无息中吞噬着人们本来宁静的灵魂。浮躁让人心力交瘁,浮躁的人经常会处于恐惧、担心、急躁的情绪之中,这些不良情绪还会引发焦虑症。焦虑会危害我们的身心健康,妨碍我们的正常生活。

古人云:"知己知彼,百战不殆。"正确地认识自己,找准自己的位置,明确自己的方向,扬长避短,做自己能做的事,做自己该做的事,努力结自己之网,不徒羡他人之鱼。这样,心理失衡现象就会大大减少,也就不会产生那些心神不宁、无所适从的感觉了。

改变——总把新桃换旧符

另外，要有可贵的务实精神。务实是开拓的基础，是创新的源泉。对待人生和事业，既要有长远目标，更要脚踏实地。要懂得，人生非一朝一夕，应当循序渐进，一步一个脚印，稳步沉着地向前推进。花拳绣腿只能虚张声势，形式主义更是于事无补。

心灵悄悄话
XIN LING QIAO QIAO HUA

　　我们要克服心浮气躁的不良习惯，重新认识自己，认识社会，不要急功近利或急于求成，要以平常心对待一切，一步一个脚印，踏踏实实前进，成功就会离我们越来越近。

改变你愤怒的情绪

敌意和愤怒是人的致命心态,它们不仅是强化诱发心脏病的致病因素,而且是增加其他病并发的可能性——发怒是典型的慢性自杀。如果你的心胸欠宽容,那么学会抑制愤怒应视为当务之急。

不友好后面的推动力是对别人的怀疑。倘若料定别人不信任自己,我们是会失望的。疑心引起愤怒并导致以侵犯相报复。

与此同时,这种不友好的怀疑心理会引起体内肾上腺素和其他的紧张素加速分泌;随着内分泌变化,其嗓音会提高八度,呼吸加快而且粗重起来;心脏跳得更快更吃力,手足的肌肉绷得紧紧的。让人觉得"箭在弦上,不得不发"了。

假如你连续出现这种情绪,那么你的"愤怒商"就未免太高了,它有可能演变为严重的健康麻烦。可怕的是,不友好的心态很容易使你发怒。即使是初次见面的人,你也可能迸发恼怒;这种恼怒或表现为愠怒,或表现为面红耳赤,吹胡子瞪眼。

经试验表明,在行为方式有改善的人中,死亡率和心脏病复发率均大大降低;其次,少发脾气当然还有助于防止心脏病的发生。要培植信任人的健康情绪,你一定得逐渐消除对别人玩世不恭的怀疑,减少发火的次数和强度,进而学会善待他人,体贴他人。

下面的八条措施将帮助你完成这一心理、生理转变过程,臻于性格的完善。

第五篇 改变情绪,平常心最快乐

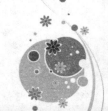

承认难题

请告诉你的配偶和亲朋好友，你承认自己以往爱发脾气，决心今后加以改进。要求他们对你支持、配合和督促，这样有利于你逐步达到目的。

保持清醒

当愤愤不已的思绪在你脑海中翻腾时，请提醒自己，保持理性，你才能避免短视，恢复远见。

推己及人

把自己摆到别人的位置上，你也许就容易理解对方的观点与举动。在大多数场合，一旦将心比心，你的满腔怒气就会烟消云散，至少觉得没有理由迁怒于人。

嘲笑自己

在那种很可能一触即发的危险关头，你还可以用自嘲从自己多疑的性情中解脱出来。"我怎么啦？像个 3 岁小孩,这么小肚鸡肠!"幽默是抖落掉猜疑的尘埃和卸掉发脾气毛病的最好手段。

训练信任

开始时不妨寻找信赖他人的机会。事实会证明,你不必设法控制任何东西,也会生活得很顺当,这种认识不就是一种意外收获吗?

反应得体

受到残酷虐待时,任何正常的人都会怒火中烧。但是无论发生了什么事,都不可放肆地大骂出口。而该心平气和、不抱成见地让他明白,他的言行错在哪儿,为何错了。这种办法给对方提供了一个机会,在不受伤害的情况下改错更容易。

贵在宽容

学会宽容,放弃怨恨和报复,你随后就会发现,愤怒的包袱从双肩卸下来,显然会帮助你放弃错误的冲动。

立即开始

爱发脾气的人常常说："我过去经常发火,自从得了心脏病,我认识到以前那些激怒我的理由,根本不值得大动肝火。"请不要等到患上心脏病才想到要克服爱发脾气的毛病吧,从今天开始修身养性不是更好?

既然世界绝不会像你所期望的那样,你很可能会继续厌烦、生气或失望;但无论如何,你完全可以消除那种不利精神健康的有害情感——愤怒。

我们每个人都免不了动怒,愤怒情绪也是人生的一大误区,是一种心理病毒,同其他病一样,可以使你重病缠身,一蹶不振。也许你会说:"是的,我也明知自己不该发怒,但就是控制不住自己。"你若是一个欲成大事者,就应该注意了,能不能消除愤怒情绪与你的情绪控制能力有关。

并非人人都会不时地表露自己的愤怒情绪,愤怒这一习惯行为可能连你自己也不喜欢,更不用说他人感觉如何了。因此,你大可不必对它留恋不舍,它不能帮助你解决任何问题。任何一个精神愉快、有所作为的人都不会让它跟随自己。

愤怒既是你作出的选择,又是一种习惯。它是你经历挫折的一种后天性反应。你以自己所不欣赏的方式消极地对待与你的愿望不相一致的现实。事实上,极端愤怒是精神错乱,每当你气得失去理智时,你便暂时处于精神错乱状态。

同其他所有情感一样,愤怒是大脑思维产生的一种结果,它不会无缘无故地产生。当你遇到不合意愿的事情时,就告诉自己:事情不应该这样或那样,于是你感到沮丧、灰心;然后,你便会作出愤怒的反应,因为你认为这样会解决问题。只要你认为愤怒是人的本性之一,就总有理由接受愤怒情绪而不去改正。但只要你不去改正,你的愤怒情绪将会阻止你做不好事情。成大事者是不会让愤怒情绪所左右的。历史上有好多这样的例子，他们中能压下怒火的大多就能成功，而凭着这一怒之气行事的则大多失败了。请看下面的例子：

在三国时期，关云长失守荆州，败走麦城被杀，此事激怒刘备，遂起兵攻打东吴，众臣之谏皆不听，实在是因小失大。正如赵云所说："国贼是曹操，非孙权也。宜先灭魏，则吴自服，操身虽毙，子丕篡盗，当因众心，早图中原……不应置魏，先与吴战。兵势一交，不得卒解也。"

诸葛亮也上表谏止曰："臣亮等切以吴贼逞奸诡之计，致荆州有覆亡之祸；陨将星于斗牛，折天柱于楚地，此情哀痛，诚不可忘。但念迁汉鼎者，罪由曹操；移刘祚者，过非孙权。窃谓魏贼若除，则吴自宾服。愿陛下纳秦宓金石之言，以养士卒之力，别作良图。则社稷幸甚！天下幸甚！"可是刘备看完后，把表掷于地上，说："朕意已决，无得再谏。"执意起大军东征，最终导致兵败。

从上面的事例中，就可看出，在关键时刻不可以让怒火左右情感，不然你会为此付出代价。那么怎样消除愤怒情绪呢？

愤怒的误区

如果你仍然决定保留心中愤怒的火种，你可以以不造成重大损害的方式来发泄愤怒。然而，你不妨想想，你是否可以在沮丧时以新的思维支配自己，且以一种更为健康的情感来取代使你产生愤怒的情绪，既然世界绝不会像你所期望的那样，你很可能会继续厌烦、生气或失望；但无论如何，你完全可以消除那种不利精神健康的有害情感——愤怒。

每当你以愤怒来对他人的行为作出反应时，你会在心里说，"你为什么不跟我一样呢？这样我就不会动怒，而且会喜欢你。"然而，别人永远不会像你希望的那样说话、办事；实际上，他们在大多数情况下都不会按照你的意愿行事。所以,每当你因为自己不喜欢的人或事动怒,你其实是不敢正视现实,让自己经受情感的折磨,从而使自己陷入一种惰性。为根本不可能改变的事物自寻烦恼是很不明智的。其实,你大可不必动怒:只要你想想,别人有权以不同于你所希望的方式说话、行事,你就会对世事采取更为宽容的态度。对于别人的言行,你或许不喜欢,但决不应动怒。动怒只会使别人继续气你,并会导致上述这种生理上的心理病症。真的,你完全可以作出选择——要么动怒,要么以新的态度对待世事,从而最终消除愤怒这一误区。

也许你认为自己属于其中一类人,即对某人某事有许多愤愤不平之处,但从不敢有所表示。你积怨在胸,敢怒不敢言,成天忧心忡忡,最后积怨成疾。但是,这并不是那些咆哮大怒的人的反面。在你心里,同样的有这样一句话:"要是你跟我一样就好了。"你心想,别人要是和你一样,你就不会动怒了。这是一个错误的推理,只有消除这一推理,你才能消除心中的怨怼。以新的思维方式看待世事,以致根本不动怒,这才是最为可取的。

你可以这样安慰自己:"他要是想捣乱,就随他去。我可不会为此寻烦恼。对他这种愚蠢行为负责的,是他不是我。"

你也可以这样想:"我尽管真不喜欢这件事,却不会因此陷入愤怒的误区。"

为了消除这一误区,首先你要以平静的方式勇敢地表示出自己的愤怒;然后,以新的思维方式让自己保持精神愉快,使之转为内在控制;最后,不再对任何人的行为负责,不因为别人的言行影响自己的精神状态。你可以学会不让别人的言行搅乱自己的心境。总之,你只要自尊自重,拒绝受别人的控制,便不会用愤怒折磨自己。

生活中有些人,他们对生活的态度严格得近乎呆板,这当然不可取。只要我们观察一下周围那些精神愉快的人就会发现,他们最为明显的特点是善意的幽默感。让别人开怀大笑,在笑声中领味五彩缤纷的现实生活,是消除愤怒的最佳方法。

对于"幽默"这个词，我们也许并不陌生，然而，究竟什么是幽默呢？心理学家认为：幽默是人的个性、兴趣、能力、意志的一种综合体现，它是语言的调味品。有了幽默，什么话都可让人觉得醇香扑鼻，隽永甜美，它是引力强大的磁铁。有了幽默，便可以把一颗颗散乱的心引入它的磁场，让每个人的脸上绽开欢乐的笑容。它是智慧的火花，可以说，幽默与智慧是天然的孪生儿，是知识与灵感勃发的光辉。

幽默中渗透着一种紧张的意志，富有幽默感的人往往是一个奋力进取者。

幽默也能展示乐观豁达的品格。半夜时分小偷光临，一般不会令人愉快，可巴尔扎克却与小偷开起了玩笑。巴尔扎克一生写了无数作品，却常常手头拮据，穷困潦倒。有一天夜晚，他正在睡觉，有个小偷摸进他的房间，在他的书桌里乱摸。巴尔扎克惊醒了，但他并没有喊叫，而是悄悄地爬起来，点亮了灯，平静地微笑着说：亲爱的，别翻了，我白天都不能在书桌里找到钱，现在天黑了，你就更别想找到啦！

心灵悄悄话

XIN LING QIAO QIAO HUA

笑吧，为笑而笑，这就是笑的理由。其实，你并不需要为笑寻找理由。只要笑，就足够了。冷静地观察生活在这个世界上的各种人——包括你自己，而后再决定选择愤怒还是幽默。幽默会使你和其他人都得到生活中最珍贵的礼物——笑。开怀大笑吧，笑声会使你的生活充满阳光。

第五篇　改变情绪，平常心最快乐

学会放松自己

留点快乐给自己,让自己的心灵解放出来,远离那些无关紧要的事情,去注意一些必须做的事情,更能看清你的过去,现在与未来,心灵的空间渐渐扩大,而你就越觉得轻松。

现代社会中,人们工作和生活的节奏不断加快,竞争也日渐激烈,如果人们不注意调整自己的心态,就很容易产生身心疲劳感,即人们常说的"活得累"。要改变这种状态就要使点"心眼儿",学会放松自己。

心理学家认为,疲倦是人体对外界压力的自然反应,是健康状态已处在警戒线的信号,机体已经用红灯在警告我们了。

例如,情绪紧张焦虑可导致出汗、心悸、呼吸急促等现象;情感打击会使人感到沮丧;劳心的工作会使人感到精疲力竭。这些不良情绪还会引起内分泌失调、中枢神经系统功能紊乱、能量过度耗损,以致使人无法正常地工作和生活。

既然压力对我们产生如此大的危害,让我们了解一下压力的产生原因:

择业困难带来压力。就业市场的供大于求造成就业概率相对较低带来的压力。压力来自赶时尚、追潮流、爱虚荣。如出国潮、金融潮、装修潮等林林总总的时尚潮流诱惑着青年人,然而条件所限,并非所有人皆能如愿,于是,便产生了压力。

知识更新快带来的压力。科学技术的日新月异,知识更新的速度越来越快,要求人的知识结构也要不断地更新。这给人们带来了紧迫感而产生了压力。

竞争带来压力。现代社会是市场经济,到处充满着竞争。岗位竞争,从而带动知识竞争、能力竞争、业绩竞争,这些竞争无形中带来很大的压力。

急于求成造成压力。如果对一个问题思考了一整天,却还是想不出个结果,则很容易产生紧张、忧虑的情绪。

压力来自心理。有很多时候,我们的工作量没有那么多,我们的烦心事也不算什么,但我们就是觉得压力很大,这种压力来自心理。如果我们心理上能轻松承受,它就不会给你带来压力。

压力来自自卑。如果我们缺乏自信,对原本能够完成的工作也不敢去努力,就会产生压力。我们首先要建立信心,从心理上肯定自己能够完成这份工作,做起事来,就会感觉轻松多了。

压力来自优柔寡断。如果你平时总爱思前想后,患得患失,对工作、生活、家庭想得太多,顾虑太多,无疑是在给自己施加压力。

压力来自情感婚姻。感情生活、婚姻生活不顺带来的压力,包括离异、丧偶、夫妻感情不和等都会造成压力。

压力来自追求尽善尽美。一般来说,中年人都会认为自己从事的事业应开花结果了,然而并非所有人都能在事业上春风得意,这种理想与现实的差距便形成了压力。

处在竞争激烈的时代,人们面临的心理压力问题对自身的威胁,将远远大于生理疾病的威胁。善于调适心理的人,如同善于增减衣服以适应气候变化一样,能获得舒适的生存;而不善调适者,却长久走不出烦恼的怪圈,极容易接受消极与虚妄的心理暗示。

要改变这种状态,就要学会放松自己。

当你停止一天的工作的时候,就不要再去想着工作的事了;当你锁上你的办公室或工厂大门的时候,就要把自己的事业也一并锁起来。不要把工作中的烦恼、疲惫的感觉一起带回家,否则,那将破坏你夜晚的好梦。

有些人躺下的时候,就好像沙漠中的骆驼驮着驼峰一样在肩上驮着沉重的"包袱"。他们好像不知道怎样卸下身上的"包袱",晚上的大部分时间他们都在想着一些烦人的事。如果你在晚上经常紧张的话,那么给你一个建议:在你的卧室里挂一张弓,这样每天你都要给弓松弦以保持弦的弹性,从而可以同时提醒自己放松自己的神经。印第安人就很懂得保护他们的弓,只要不用弓的时候他们就会把弓的弦放松以保持它的弹性。

如果一个人在一天辛苦的工作后,晚上回到家中还整夜不停地想着工作的事,那么他就不可能休息得很好,早上起床的时候还是会很疲倦。这样他就不可能保持清醒的头脑,精力充沛地进行工作,他的工作能力就会下降。就好比一匹第二天就要参加比赛的马在头一天晚上一直不停地跑一样,第二天肯定拿不了冠军。在这种情况下做事,即使你有着拿破仑一样的能力,你也不可能获得成功。

我们只有在晚上停止大脑的胡思乱想才能防止我们消耗生命、浪费我们宝贵的生命活力。很多人都有这种不好的习惯——晚上胡思乱想,而且他们总是在就寝后还为了一些琐屑的麻烦事而烦恼,这种不良的习惯很难被改掉。

保持身体健康的一个前提条件就是不要在晚上谈论对人有刺激的工作上的麻烦事,更不要在就寝前谈论,因为这种刺激即使在入睡了以后也会在人的头脑中保留很长时间,从而影响人的神经系统。

如果一个人在晚上还担心这担心那的话,那么他在晚上衰老的速度要比白天快。白天忙碌的工作会使人无暇去考虑生活中的不幸和工作中的麻烦。

但是一旦人们回到家中躺在床上,所有的烦人的事就会令人恐怖地占据他们的头脑。

精神上的不和谐将会损害人的活力、减少人的勇气、降低人的寿命。生命是如此的短暂、如此的宝贵,因此我们不能把生命浪费在这些腐蚀思想、损害健康的事情上了。晚上人们的想象能力尤其活跃,而且在寂静的晚上想象力会夸大所有的事,所以一切不高兴的事在晚上的影响程度都要比在白天大得多。我们都有过做梦的经历,梦中出现的大多是我们生活中曾唱过的歌曲或者经历过的印象深刻的情景。从中我们可以看出事物给人留下的印象对人的影响是多么的大。我们也不得不承认保持好的心情入睡是多么的重要。

我们应当在入睡前把心态平静下来，保持安静平和，如果可能的话最好带着微笑入睡。千万不要皱着眉头、带着愤怒的表情睡。抚平皱纹，把所有不开心的事扔到一边，不要带着任何对别人的批评、嫉妒和不满入睡。

当你心情不好或被人恶意挑衅时，你就会对别人产生敌意，而这对你的健康非常不利。但只要这种刺激一消失，这种感觉也就会随之消失。神经系统所承受的痛苦将对你的健康产生非常大的不良影响。因此，在每天的 24 个小时内，你至少有一段时间要对整个世界保持平和的态度。你更不能在睡觉的时候把不开心的事情深深印刻在头脑之中。

当我们心情烦躁而又不得不面对许许多多辛苦的工作时，我们的火气就会很大，时常会很不友好地对待别人。但是，一旦你远离了那些惹你生气和跟你有敌对情绪的人，自己一个人的时候，你就应该抛开那些不开心的想法和不高兴的感受。

养成一种在睡觉前清空头脑中的思想、忘记一天的烦恼的习惯对人来说是很重要的。如果在白天时你很冲动地、不理智地对待别人，对别人的态度很不友好，那么晚上睡觉前的这段时间就是你清除这些思想的最好时机。慢慢形成这种习惯，你会发现这对你的身体健康非常的有好处。

如果你想在清晨起床的时候有一种脱胎换骨的感觉的话，那么你至少要在就寝前保持一种积极乐观的情绪，忘掉所有的烦恼。如果你在睡觉的时候头脑中充满了忧虑和压力，情绪很坏，那么你在第二天早晨起床的时候就会觉得很疲惫，大脑缺乏活力，思维的活跃，就会大大降低。这是由于你的血液中充满了不和谐的情绪，从而不可能对大脑进行清洗。

如果在睡觉前你还对某些人某些事耿耿于怀，那么希望你能用一些乐观、善良、慷慨大方的想法来代替，把不好的想法彻底清除掉。如果你养成了这种每天在睡觉前清空自己头脑的习惯的话，那么你在熟睡的时候就不会被讨厌的梦境所打扰，这样你在第二天清晨的感觉就会非常之好。

在睡觉前把思想的房子整理干净。把给你带来痛苦的事、令你不高兴的事，你所不期望的事和所有生气的、怨恨的、嫉妒的、自私的、邪恶的想法统统扔到一边。别再让他们的负面影响侵蚀你的思想。当你清空了这些头脑中的垃圾之后，应当用高兴的、甜美的、有帮助的、有鼓励作用的，以及积极向上的思想重新填充进去。

相信每个家庭都会认为晚上开心的沐浴一次是很重要的，但是精神上的洗礼要比每天的沐浴重要得多。

我们应当尽可能地带着令我们最高兴最喜悦的思想入睡。我们应当带着崇高的理想、友爱互助的思想、积极向上的想法，以及所有能够使得我们能在第二天恢复精力的想法入睡，这样在第二天的工作中才能充分发挥出我们自身的能力。

如果你认为消除这些不开心的想法有困难，那么你就应该强迫自己去读一些能够使你展开眉头开心大笑的有激励作用的书。

如果你把这些付诸一段时间的实践后，那么你就会惊奇地发现在睡觉前你会很彻底地改变你的思想观念和对事物的态度，你将面对正确的生活道路。

无论你多么累或是睡得有多晚，在睡觉前一定要把头脑中不好的印记，包括不开心的经历、邪恶的想法、对别人的嫉妒与偏见和自私自利等都清除掉。例如，你可以想象你卧室中的灯都是汉字形状的如"和谐""快乐""美好的祝愿"等。

拿破仑·希尔认为："任何一种精神和情绪上的紧张状态，完全放松之后就不可能再存在了"。这就是说，如果你能放松紧张情绪，就不可能再继续忧虑下去。

什么心理因素会影响到脑力劳动者，使他们疲劳呢？是快乐？是满足吗？

是烦闷、懊悔，一种不受欣赏的感觉，一种无用的感觉，太过匆忙、焦急、忧虑——这些都是使那些脑力工作的人筋疲力尽的心理因素。

大都会人寿保险公司，在一本讨论疲劳的小册子上特别指出了这一点。"困难的工作本身，一般都可以在好好休息之后消除疲劳和忧虑，而紧张和情绪不安，才是产生疲劳的主要原因。通常我们以为是由劳心劳力所产生的疲劳，其实并非如此。请记住！紧张的肌肉，就是正在工作的肌肉，应该要放松，把你的体力储备起来，以应付更重要的责任。"

请你检查一下自己：你念这几行字的时候，有没有皱着眉头？你是否觉得两眼之间有一种压力？你是否正很轻松地坐在你的椅子里？还是耸起肩膀？

你脸上的肌肉是否很紧张？除非你的全身放松得像一个旧的布娃娃一样软，否则你这一刹那就是在制造神经和肌肉的紧张，就是制造疲劳。

为什么我们在劳心的时候，也会产生这些不必要的紧张呢？柯西林说："我发现主要的原因是几乎所有的人都相信，越是困难的工作，越是要有一种用力地感觉，否则做出来的成绩就不够好。"所以我们一集中精神就皱起了眉头，耸起了肩膀，要所有的肌肉都来"用力"。事实上这对我们的思考，根本没有丝毫帮助。

碰到这种精神上的疲劳，应该怎么办呢？要放松！放松！再放松！要学会在工作时放轻松一点。

要做到放松并不容易，可是做这种努力是值得的，因为这样可以使你的生活起革命性的变化。威廉·詹姆斯说："美国人过度紧张、坐立不安、着急，经常露出紧张痛苦的表情……这是坏习惯，不折不扣的坏习惯。"紧张是一种习惯，放松也是一种习惯，而坏习惯应该祛除，好习惯应该养成。

你怎样才能放松呢？是该先从思想开始，或是该从你的神经开始呢？两样都不是。应该先放松你的肌肉。

先从你的眼睛开始，先把这段读完。当你读完之后，把头向后靠，闭起你的眼睛，然后默不出声地对你的眼睛说："放松，放松，不要紧张，不要皱眉头，放松，放松。"如此慢慢地重复做。

你是否注意到，经过几秒钟之后，眼睛的肌肉就开始服从你的命

令了？

你是否觉得，有一只无形的手把这些紧张的情绪给挪开了。虽然看起来令人难以相信，可是你在这一分钟里，却已经试过了放松情绪艺术的全部关键和秘诀。你可以用同样的办法放松你的脸部肌肉、你的头部、你的肩膀、你整个身体。但是你全身最重要的器官，还是你的眼睛。

芝加哥大学的艾德蒙·杰可布森博士曾说，如果你能完全放松你的眼部肌肉，你就可以忘记你所有的烦恼了。在消除神经紧张时，眼睛之所以这样重要，是因为它们消耗了全身散发出来的能量的1/4。这也就是为什么很多眼力很好的人，却感到"眼部紧张"，因为他们自己使眼部感到紧张。

拿破仑·希尔指出放松的六项建议：

其一，请看关于这方面的一本好书——大卫·哈罗·芬克博士所写的《消除神经紧张》。

其二，随时放松你自己，使你的身体软得像一只旧袜子。你有没有抱过在太阳底下睡觉的猫呢？当你抱起它来的时候，它的头就像打湿了的报纸一样塌下去。印度的瑜伽术也教你，如果你想要放松，应该多去瞧瞧猫。要是能学猫一样地放松自己，大概就能避免这些问题了。

其三，工作时采取舒服的姿势。要记住，身体的紧张会产生肩膀的疼痛和精神上的疲劳。

其四，每天自我检讨五次，问问你自己：我有没有使我的工作变得比实际上更重？我有没有用一些和我的工作毫无关系的肌肉？这些都有助于你养成放松的好习惯。就如大卫·哈罗·芬克博士所说的："那些对心理学最了解的人们，都知道疲倦有2/3是习惯性的。"

其五，每天晚上再检讨一次，问问你自己："我有多疲倦？如果我感觉疲倦，这不是我过分劳心的缘故，而是因为我做事的方法不对。""我算算自己的成绩，"丹尼尔·柯西林说，"不是看我在一天完了之后有多疲倦，而是看我有多不疲倦。"他说："当那一天过去而我感到特别疲倦时，或者是我感觉精神特别疲乏的时候，我会毫无问题的知道，这一天不论在工作的质和量上都做得不够。如果每一位生意人都通晓这一点，因为神经紧张而引起疾病致死的比率，就会马上降低了。而且在我们的精神疗养院里，也不会再有那些因为疲劳和忧虑导致精神崩溃的人。"

其六，把心事说出来，那么怎样做到这一点，必须遵照以下几点：

1. 准备一本"供给灵感"的剪贴簿，你可以贴上自己喜欢的可以鼓舞你的诗，或是名人的格言。往后，如果你感到精神颓丧时，也许在本子里就可以找到治疗的药方。在波士顿医院的很多病人，都把这种剪贴簿保存好多年，他们说这等于是替自己在精神上"打了一针"。

2. 不要为别人的缺点太操心。也许在看过他所有的优点之后，你会发现他正是你希望遇到的那种人。

3. 要对你的邻居有兴趣。对那些和你在同一条街上共同生活的人，有一种很友善也很健康的兴趣。有一个很孤独的女人，觉得自己非常"孤立"，她一个朋友也没有。有人要她试着把她下一个碰到的人作为主角，编一个故事。于是她开始在公共汽车上，为她所看到的人编造故事。她假想那个人的背景和生活情形，试着去想象他的生活怎样。今天她非常的快乐，变成一个很讨人喜欢的人，也消除了她的"痛苦"。

4. 神经紧张，疲劳时，向你的朋友、亲人写信，以倾诉你的烦恼，或写自己也可以达到放松的目的。

保罗·山普桑就是经过拿破仑·希尔的指导后，学会了以放松克服紧张的。

在6个月以前，他的生活紧张忙碌。他总是紧紧张张的，从不晓得让自己轻松一下。他每天晚上下班回到家里时，总是精神沮丧，忧虑重重，精疲力竭。为什么？因为从来没有人对他说："你在慢性自杀。你为什么不慢慢来？你为什么不让自己轻松一下？"

他每天早上总是急急忙忙起床，匆匆忙忙吃早餐，匆匆忙忙刮脸，匆匆忙忙穿衣，然后急忙开车上班，他紧紧抓住方向盘，仿佛它随时会飞出窗外一般。他很迅速又紧张地上了一天班，然后匆匆忙忙赶回家，到了晚上，他甚至想急忙入睡。

他这种紧张生活实在太严重了，因此他向拿破仑·希尔求教。拿破仑·希尔要他放松紧张的生活，他建议他，随时都要想到轻松——在工作、开车、吃饭、入睡之前，都要想到放松自己。要按照五项建议去做。拿破仑·希尔指出，过度紧张无异于正在慢性自杀，因为他不知道如何使自己松懈下来。

从那时起，他就开始练习使自己身心放松。每天上床睡觉前，他并不急着入睡，而先使自己身体彻底放松，呼吸也倾向平稳。早上醒来后，觉得已有充分的休息，这是一大进步，因他以前早上醒来时，总觉得又累又紧张。

现在，他无论开车，还是吃饭，心情轻松了许多，为了安全，他驾车提高警觉，但已不像以前那样紧张了。最重要的是，上班前，也能使自己松懈下来。

一天之中，他总要多次停止一切工作，详细检讨自己是否已彻底放松。每当电话铃响时，他也不再像以前那样急急忙忙去接听；有人与他讲话，他也能使自己轻松得如一个沉睡的婴儿。

结果，通过学会放松，保罗的生活变得轻松愉快，也不再紧张烦恼。

心灵悄悄话
XIN LING QIAO QIAO HUA

很多人已经学会了要在入睡前与整个世界保持和谐的技巧，他们懂得在入睡前不能在头脑中保留一点儿对他人的偏见、怨恨、嫉妒等，因此他们就能比那些有喜欢回顾自己不好的经历、总是想着烦心事的人们获得充足的睡眠，更能保持年轻，有更高的工作效率。

改变焦虑的情绪

当别人厌恶你或是痛恨你时,就使你产生了一种不必要的沮丧情绪——为了一些可能发生的情况感到焦虑,觉得无力采取应对的策略。

在和珍订婚的一年之后,约翰得到了一个结论,其实他们俩并不是真的很合适。对于一些重要的议题,他们的基本看法很不一致,问题在订婚之后的几个月就慢慢浮现出来,于是,约翰解除了这项婚约。虽然珍难过了一阵子,不过最后她还是调适过来了,因为后来她也明白,分开对彼此而言,其实更好。

而很不幸的是,珍有一个姑妈白娜蒂,从珍六岁起就一直把她带大,她对自己的侄女遭到退婚这件事的看法可就不一样了。她对约翰极为不满,并且告诉他,她痛恨他"对她侄女所做的恶行",她威胁着要"揭发他的下流行径",并且保证无论他走到哪里,她的怨恨都会跟随他一辈子。

约翰并不怕受到什么身体上的暴力伤害,不过他很担心在他们住的小社区里,白娜蒂会损害他的声誉。珍的姑妈是他们社区里出了名的大嘴婆,而且还与当地许多重要人物保持良好关系。于是约翰开始担心,迟早他会在公共场合里遇见白娜蒂。他知道她绝对不会放过任何一个在别人面前羞辱他的机会——意思是说,方圆一里之内的人都会听到她的广播,因为白娜蒂是一个大嗓门的彪悍女人!

为了避免和白娜蒂正面冲突,约翰待在家里的时间变得越来越长。当然他痛恨一直闷在屋子里而希望出门从事社交活动,可是会在公众场所遇见白娜蒂的想法令他裹足不前。果然,有一天,他的噩梦终于成真。

约翰到银行兑现支票,在排队的时候被白娜蒂撞见了。"看看是谁在这里?你这言而无信的家伙!瞧瞧你对我那可怜的侄女做了什么亏心事,现在难堪了吧。"白娜蒂的嗓门嚷得整个银行里的人都听得一清二楚。"你伤透了那个女孩的心!你答应要娶她却反悔。我祝你下地狱去吧,你这可怜的坏蛋!"她大吼着。

约翰发现许多客人露出了异样的眼光,有些女职员听了白娜蒂的话之后,还嗤嗤地笑;他的脸色白得像一张纸,支票还没兑现,便转身走出了银行。

之后,约翰的焦虑可说是有增无减。他担心会再一次在众人面前碰上白娜蒂,这种恐惧感不断地袭击他,他出门的时间愈来愈少了。

让我们设身处地站在约翰的立场想一下,**实际上,忧虑会演变成一种痛苦的状态**。如果你很不愿意见到的灾难既然有可能降临到你的头上,为那些你所想象的灾难担心并不能助你逃过一劫。忧虑,并没有什么魔力能帮你挥去那些可能会发生的灾难。对于你害怕会发生的灾难,过度夸大其严重性的话,那些忧虑只会使你的处境更惨。

除掉身体上可能的伤害,到底还有什么是真正值得恐惧的?为一个你不娶她的侄女,就在街坊里说长说短的女人吗?这的确是蛮棘手的,但你并不会因此走上法庭,或被人拖进巷子里毒打一顿,那么,何必为了别人的想法而和自己过不去呢?难道不能想些更好的方法来堵住那位长舌妇的大嘴巴吗?你对你的生活真正能掌握的部分,往往比你所想的要来得多。如果你能停止不必要的苦恼,以理性的想法来思考,你会发现有各种改变的可能性。现在,让我们来看看约翰该如何脱离他所处的焦虑状态。

在众人面前被说成一个无情的人,其实并不是真正令约翰感到焦虑的原因,而是约翰对这件事的想法。

约翰的焦虑源于其信念:

"要是真的发生那种事就太可怕了,那种事情绝对不该发生。"

一旦你一直抱着那些会使你产生焦虑的非理性信念,那么你会为了

扫除焦虑而做些不得其法的努力，好一点的话，维持惨状，糟一点的话，则有百害而无一益。 为了在焦虑中寻求一时的解脱，人们可能会沉溺在酒精或毒品里，或是消极地离群索居。

首先，约翰得先质疑他那一旦在众人面前被羞辱就"完了"的假设。那个信念是："要是真的发生那种事情就太可怕了，那种事情绝对不该发生。"

约翰非常希望在众人面前被指为骗子的这个威胁不会发生。不管事情到底如何，会因为他不希望他所害怕的那些事情发生，那些事就一定不会发生，这合逻辑吗？我们大可期望各种各样的事情，但并没有任何逻辑上的必然性来保证我们期望的事一定会实现。这个世界上，并没有任何证据显示有什么绝对"一定"的事。

如果这真的符合现实的话，我们只需要挥一挥魔杖，念一句"这件事一定不会发生！"的咒语，不就一切都没了！既然我们人类并未被赋予要什么就有什么的神力，而老天爷也没欠我们什么，不必非得顺着我们的心愿不可，那么，相信有什么一定会或是一定不会发生的事，显然，这是不现实的，也是靠不住的。约翰的推论是，如果当众被"羞辱"这件事真的发生的话，那就太可怕了。这是个过度夸张的好例子。很肯定，有许多比名誉受损更惨的事，不是吗？比如说，得了癌症之类的不治之症。名誉受损会比那种情况更惨，或是一样惨吗？而"可怕"这字眼儿不只是意味着不幸、糟糕或悲惨——它意味着百分之百以上的糟糕。所以，把一件可能会发生的损失定义成很可怕时，你已经将自己推出现实的边界之外了，而这也会使你处于严重的焦虑之中。名誉受损或许令人感到难受，我们可能会觉得被夺去了什么，但是以现实的角度来看，并不能算是可怕的。

这个信念有助于约翰达成目标吗？

答案极有可能是否定的。如果我们抱持着一些不合逻辑又不合现实的信念去处理状况时，我们很难会采取具建设性的正确举动来改善事态。关于会威胁我们名誉的那堆"一定会"或"一定不会"的各种念头将会干扰我们的判断力，而促使我们采取一些可能造成反效果的行为。

第五篇　改变情绪，平常心最快乐

一旦约翰说服自己，要对他会受到威胁的声誉做些具有建设性的事，认为焦虑是不必要的之后，他就可以用更理性的想法来取代那些造成焦虑的非理性信念。那么，他可以如此思考：

"我当然希望白娜蒂威胁着要破坏我名声这件事不会发生，但也没什么理由说这种事就一定不会发生。如果这事真的发生了，我可能会烦上好一阵子。没错，是很不好受！可是说真的，有什么好怕的呢？我又不是坐着等死。我可以完全不理会白娜蒂那张血口喷人的大嘴巴，或是和她当面对质，明白地告诉她，我和她侄女解除婚约关她屁事！警告她要是再不知节制，就和她对簿公堂，告她诽谤。"

有了这些信念，虽然约翰很在意他的死对头可能会破坏他的名声，但他大可不必为此焦虑。除了在言词上排除他那些非理性的恐惧之外，他还可以采取实际的行动来反击那些恐惧。他可以强迫自己出门，故意和白娜蒂碰头，让她明白她那些恶毒的闲话没什么好怕的，也告诉自己，真的跟她对上了也没什么关系。

心灵悄悄话

XIN LING QIAO QIAO HUA

如果你非理性地恐惧什么的话，你那些过度的反应都根植于你自我设限的负面教条里。借由积极地面对自己不必要的恐惧，你也清除了制造恐惧的那些无意义的想法。大部分的焦虑，都和害怕得不到别人的认同有关。但是，如果你站出来和这些恐惧奋战，面对那些因不受认同或名声受损所带来的不便，你会发现，任何的"恐怖"其实都只是存在于自己的想象里。

走出萎靡不振的状态

一个萎靡不振、没有主见的人，一遇到事情就习惯性的"先放在一边"，说起话来也是吞吞吐吐、毫无力量。世间有一种最难治也是最普遍的毛病就是"萎靡不振"，"萎靡不振"往往使人完全陷于绝望的境地。

一个年轻人如果萎靡不振，那么他的行动必然迟缓，脸上必定毫无生气，做起事来也会弄得一塌糊涂、不可收拾。他的身体看上去就像没有骨头一样，浑身软弱无力，仿佛一碰就倒，整个人看起来总是糊里糊涂、呆头呆脑、无精打采。

年轻人一定要注意，千万不要与那些颓废不堪、没有志气的人来往。一个人一旦有了这种坏习气，即使后来幡然悔悟，他的生活和事业也必然要受到很大的打击。

迟疑不决、优柔寡断无论对成功还是对人格修养都有很大的伤害。优柔寡断的人一遇到问题往往东猜西想，左右思量，不到逼上梁山之日决不作出决定。久而久之，他就养成了遇事不能当机立断的习惯，他也不再相信自己。由于这一习惯，他原本所具有的各种能力也会跟着退化。

一个萎靡不振、没有主见的人，一遇到事情就习惯性的"先放在一边"，说起话来也是吞吞吐吐、毫无力量；更为可悲的是，他不大相信自己会做成一番事业。反之，那些意志坚强的人习惯"说干就干"，凡事都有他的定见，并且有很强的自信心，能坚持自己的意见和信仰。如果你遇见这种人，一定会感受到他精力的充沛、处事的果断、为人的勇敢。这种人认为自己是对的，就大声地说出来；遇到确信应该做的事，就尽力去做。

有一部题目叫《小领袖》的作品，描写了一个凡事都优柔寡断、迟疑

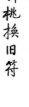

不决的人,他从小时候就说,要把附近一棵挡着路的树砍掉,但却一直没有真正动手去砍。随着时间的推移,那株树也渐渐长大,等他两鬓斑白时,那株大树依然挡在那路中间。最后,那老人还是说:"我已经老了,应该去找一把斧头来了!"此外,还有一个艺术家,他早就对朋友们说,准备画一幅圣母玛利亚的像。但他一直没有动手,他整天在脑子里设计画的姿势和配色,一会儿说这样不好,一会儿说那样也不好。为了构思这幅画,那人简直任何事情都做不成,但是直到他去世,这张他整日构思但一直没有动笔的"名画"还是没有问世。

对于世界上的任何事情来说,不肯专心、没有决心、不愿吃苦,就绝不会有成功的希望。获得成功的唯一道路就是下定决心、全力以赴地去做。

遇到事情犹豫不决、优柔寡断,见人无精打采的人,从来无法给别人留下好的印象,也就无法获得别人的信任和帮助。只有那些精神振奋、踏实肯干、意志坚决、富有魄力的人,才能在他人心目中树立起信用。不能获得他人信任的人是无法成功的。

对于手头的任何工作,我们都应该集中全副精神和所有力量。即使是写信、打杂等微不足道的小事,也应集中精力去做。与此同时,一旦作出决策,就要立刻行动,否则,一旦养成拖延的不良习惯,人的一生大概也不会有太大希望了。

世界上有很多人都埋怨自己的命不好,别人为什么容易成功,而自己却一点成就都没有呢?其实,他们不知道,失败的原因只能是他们自己,比如他们不肯在工作上集中全部心思和智力;比如做起事来,他们无精打采、萎靡不振;比如他们没有远大的抱负,在事业发展过程中也没有去排除障碍的决心;比如他们没有使全身的力量集中起来,汇成滔滔洪流。

以无精打采的精神、拖泥带水的做事方法、随随便便的态度去做事,不可能有成功的希望。只有那些意志坚定、勤勉努力、决策果断、做事敏捷、反应迅速的人,只有为人诚恳、充满热忱、血气如潮、富有思想的人,才能把自己的事业带入成功的轨道。

我们在城市里的街头巷尾,经常可以看到一些到处漂泊、没有固定住处、甚至吃了上顿没下顿的人，他们都是生存竞争赛场上的失败者，败在那些有魄力、有决心的人手下。主要原因就是他们没有坚定的主意，提不起振奋的精神，所以，他们的前途必然是一片惨淡，这又使他们失去了再度奋斗的勇气。如今，仿佛他们唯一的出路就是到处漂泊、四处流浪。

青年人最易感染又是最可怕的疾病就是没有明确的目标和没有自己的见地，就是因为这一点，他们的境况常常越来越差，甚至到了不可收拾的地步。他们苟安于平庸、无聊、枯燥、乏味的生活，得过且过的想法支配着他们的头脑。他们从来想不到要振奋精神，拿出勇气，奋力向前，结果沦落到自暴自弃的境地。之所以如此，都是因为他们缺乏远大的目标和正确的思想。随后，自暴自弃的态度竟然成了他们的习惯。他们从此不再有计划、不再有目标、不再有希望，劝服他们，要他们重新做人，实在是一件万难的事。要对一个刚从学校跨入社会、热血沸腾、雄心勃勃的青年人指出一条正确的道路，是一件比较容易的事，但要想改变一个屡次失败、意志消沉、精神颓废者的命运，似乎是难上加难。对这些人来说，仿佛所有的力量都已消失殆尽，所有的希望都已全部死亡，他们的身体看上去也如同行尸走肉一般，再也没有重新振作的精神和力量了。

富兰克林说："把握今日等于拥有二倍的明日。"今天该做的事拖延到明天，然而明天也无法做好的人，占了大约一半以上。

"现在"这个词对成功而言妙用无穷，现在就做不仅体现出行为人的充分自信，也体现了重视行动的处事原则，奉行了这一原则的人，没有几个是不成功的。而"明天""下个礼拜""以后""将来某个时候"或"有一天"，往往就是"永远做不到"的同义词。有很多好计划没有实现，只是因为应该说"我现在就去做，马上开始"的时候，却说"我将来有一天会开始去做"。

我们用储蓄的例子来说明好了。人人都认为储蓄是件好事。虽然它很好，却不表示人人都会依据有系统的储蓄计划去做。许多人都想要储蓄，但只有少数人真正做到了。

如果你时时想到"现在"，就会完成许多事情；如果常想"将来一天"

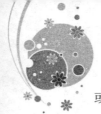

或"将来什么时候",那就一事无成。

　　人都是很软弱的,遇到新的问题时,总是在想"今天实在太累太苦太疲太倦了,明天再来做吧!"这种想法的人很多。把事情拖延到明天,这是不行的,因为可能明天也是做不到的,而且明天还有明天的新工作,所以这样累积下来的工作就会越来越多了。

　　应该今日事今日毕,否则可能无法做大事,也不大可能成功。所以应该经常抱着"必须把握今日去做完它,一点也不可懒惰"的想法去努力才行。

　　歌德说:"把握住现在的瞬间,把你想要完成的事务或理想从现在开始做起。只有勇敢的人身上才会赋有天才、能力和魅力。因此,只要做下去就好,在做的过程当中,你的心态就会越来越成熟。能够有开始的话,那么,不久之后你的工作就可以顺利完成了。"

　　有些人在要开始工作时会产生不高兴的情绪,如果能把不高兴的心情压抑起来,心态就会愈来愈成熟。而当情况好转时,就会认真地去做,这时候就已经没有什么好怕的了,而工作完成的日子也就会愈来愈近。总之一句话,必须现在就马上开始去工作才是最好的方法。

　　你知道吗,工作中失败的唯一可能是你渴望某种成就却不采取行动去争取它——对于梦想,你需要采取步骤去发现、去把握、去争取,甚至去创造。

　　明确了方向,确定了目标,就应该用实际行动去追求你的理想。

　　斯通担任美国全国国际销售执行委员会七个执行委员之一时,曾作为该会的代表走访了亚洲和太平洋地区。在某个星期二,斯通与澳大利亚东南部墨尔本城的一些商业工作人员做了一次励志的谈话。到下星期四的晚上,斯通接到一个电话,是一家出售金属柜公司的经理意斯特打来的。意斯特很激动地说:

　　"发生了一件令人吃惊的事!你会同我现在一样感到振奋的!"

　　"告诉我吧!发生了什么事?"

　　"我的主要确定目标是把今年的销售额翻一番。令人吃惊的是:我竟在 48 小时之内达到了这个目标。"

　　"你是怎样达到这个目标的呢?"斯通问意斯特,"你怎样把你的收入翻一番的呢?"

　　意斯特答道:"你在谈话中讲到,你的推销员亚兰在同一个街区销售保险单失败而又成功的故事。记得你说过:有些人可能认为这是做不到的。我相信你的话,我也做了准备。我记住你给我们的自我激励警句:'立刻行动!'我就去看我的卡片记录,分析了 10 笔死账。我准备提前兑现这些账,这在先前可能是一件相当棘手的事。我重复了'立即行动!'这句话达好几次,并用积极的心态去访问这 10 个客户,结果做成了 8 笔大买卖。发扬积极心态的力量所做出的事是很惊人的——真正惊人的!"

　　我们的目的与这个特殊的故事有关,你也许没读过关于亚兰的故事,但是你现在就要学会从现在开始立刻行动。这听起来很简单,但成千上万的人都没能做到这一点。

心灵悄悄话
XIN LING QIAO QIAO HUA

　　　虽然只是一天的时间,也不可白白浪费。"少壮不努力,老大徒伤悲",再后悔也是来不及了。不从今天而从明天才开始,好像也不错,然而还是要有"就从今天开始"的精神才是最重要的。

第五篇　改变情绪,平常心最快乐

多点微笑，少点憎恨

　　微笑是对生活的一种态度，跟贫富、地位、处境没有必然的联系。一个富翁可能整天忧心忡忡，而一个穷人可能心情舒畅；一位身处逆境的人可能坦然乐观，一位处境顺利的人可能愁眉不展……

　　美国钢铁大王卡内基说："微笑是一种奇怪的电波，它会使别人在不知不觉中同意你。"在一次盛大的宴会上，一位平时对卡内基很有意见的商人在一边大肆抨击卡内基。当卡内基站在人群中听他的高谈阔论时，这个商人还没发觉，这使得宴会主人很尴尬。而卡内基却冷静地站在那儿，脸上挂着微笑。当这个商人发现卡内基时，感到非常难堪，正想从人群中钻出去，可卡内基脸上带着笑容，并走上前去亲热地跟他握手，好像完全没听见他说自己坏话似的。后来此人成了卡内基的好朋友。

　　有一次，心理学家亚德洛在美国中部的一所大学演讲，本来那些学生存心想跟他过不去，但看到他脸上的笑容时，便对他产生了好感。等到他演讲完毕，全场响起热烈的掌声。一个学生塞给他一张纸条，上面写着："亚德洛先生，你的微笑把我们征服了。"

　　中国有句古话叫"相逢一笑泯恩仇"，说的就是微笑的作用。在现实生活和人际交往中，微笑具有深刻的内涵和无法比拟的魅力，甚至会起到扭转乾坤的作用。

　　心理学家做过这样一个调查：当你早上出门的时候，如果遇到的第一个人给你一个灿烂的微笑或亲切的问候，不管这个人是熟悉的朋友还是素不相识的陌生人，那么，你一定会马上感觉到精神振奋，心情愉悦，而且一整天都会生活在快乐之中。而当你给别人一个微笑的时候，对方会马上回报你一个更加灿烂的微笑,那么,你的心情也会充满阳光,你会觉得如沐春风般的舒畅。这就是微笑的魅力。

微笑是表露情感的载体,真正的微笑,必须是发自内心的,它不仅仅是嘴在动,连眼角眉梢都带着笑意,传递着热情和真诚,让人感动和舒服。 微笑可以改善心态,抑制愤怒,更是人们解决问题的方法。

当你笑着赞美别人的时候,你的微笑会让人认为你是发自内心、由衷而真诚地赞美他,这样你的赞美会更加有力量。

当你寻求别人帮助的时候,微笑可以传达给对方你的诚恳和希冀,让对方无法拒绝你。

当你接受了别人的帮助时,微笑会将你的谢意加倍表达出来,让对方身心愉悦。

当你无意中伤害了别人的时候,适时的微笑会具有一种魔力,它可以传达你的歉意,帮助你寻求对方的谅解,从而减轻对方的痛苦。

被誉为"世界上最伟大的推销员"的乔·吉拉德,长期保持着销售昂贵商品的世界纪录——平均每天卖6辆汽车,被欧美商界称为"能向任何人推销出任何产品"的传奇人物。究其成功的一个重要原因,就是他常常挂在脸上的微笑。他说:"当你笑时,整个世界都在笑。一脸苦相的人,没有人愿意理睬你。"他还举出实例说:"有人拿着100美元的东西,却连10美元都卖不掉,为什么? 你看看他的表情就知道了。要推销出去自己,面部表情很重要,它可以拒人千里,也可以使陌生人立即成为朋友。"

微笑能带来巨大的经济效益。事实上,不管是在商界还是普通的人际交往中,微笑都是叩开对方心灵最好的敲门砖。

曾遇到过这样一个场面,一位顾客从商店买了一袋食品,打开一看,却发现变质了,他非常生气,怒气冲冲地找到营业员,大声责问他为什么卖变质的食品。当时有几位顾客正在买东西,看到这种情况也开始助阵声讨,场面一下子乱了起来。这时,营业员面带微笑,一直说着对不起,承认自己工作的失误,感谢大家的批评指正,然后诚恳地征求顾客对此事的处理意见,不论退钱还是换物都行。面对如此诚恳的微笑和道歉,顾客心中的怒气顿时全消了,最后营业员圆满地解决了问题,也赢得了其他顾客的信任。

所以,**不要小看微笑,微笑的力量是无穷大的。**它是一个法宝,生活中我们试着多一些微笑,少一些抱怨,相信心情和生活都会有质的飞跃。

一个人的情绪会受环境的影响,但一副苦大仇深的样子,并不会对改变处境有任何帮助。相反,如果微笑着去面对生活,会增加亲和力,让人更乐于跟你交往,你得到的机会也会更多。

只有心里有阳光的人,才能感受到现实的阳光,如果连自己都常苦着脸,那生活如何美好?生活是一面镜子,当我们哭泣时,生活也在哭泣,当我们微笑时,生活也在微笑。

生活并没有拖欠我们任何东西,所以没有必要总苦着脸。我们应该对生活充满感激,至少,它给了我们生存的空间。所以,让我们调整好自己的心态,时刻记住运用微笑这个无价之宝来为自己的人生铺平道路。

世界上最可怕的东西不是噬人的动物,因为当动物想要袭击人时,人还可以凭借自身的智慧躲避。

那么,世界上最可怕的是什么呢?是人。当别人想要吞噬你的时候,你无法躲避他的悄无声息、毫不留情。

可以说,吞噬的根源在于憎恨。心中有了憎恨,做起事来自然就会缺乏理智、爱怜和同情。

憎恨是一把匕首,随时会插入你的心脏;憎恨是一根导火线,随时会为你引来一场战争。

憎恨像是一匹脱缰的野马,如果我们听之任之,由得它撒野疯狂,那么结果肯定会让自己遍体鳞伤。

憎恨有成本。恨一个人的时候,你要投入一定的时间和精力,去想已经过去的事情,继而引起自己的愤怒、痛苦,触痛原本已经结痂的伤口。让自己的心里充满对过去的愤懑,对这个人的憎恶。

在这个世界上,也许会有许多的理由让你产生足够的"憎恨"。但是,憎恨的情绪是否在一点点吞噬你的善良?还是随时间的流逝,这些曾经的憎恨会淡了许多?

憎恨某个人,就像是手里握着一把双刃剑,想要把它刺向对方,但同时必须以伤害自己为代价。

我们看过、听过那么多的关于仇恨的故事,有几个关于复仇的故事会有圆满的结局呢?对待憎恨,我们如果能计算一笔收益成本账的话,结论也许会有所不同。面对付出的昂贵成本,耗费的空前愤怒,最后还要伤害自己,试想付出这么巨大的代价,你还会去憎恨吗,为什么不能放弃呢?

在生活中,如果用成本去衡量一下憎恨,也许你就不会再去憎恨那么多人了,也许你就会学着去宽恕别人,减少自己的怨恨。

憎恨,使人在痛苦的深渊里反复数落对方的不是,也不断地懊悔自己当初所做的种种不理智的行为。如果憎恨的情绪越来越强烈,最后会一发不可收拾,实在是得不偿失。

毕竟,人生不如意之事十有八九,如果能够做到人人都不计较,学会宽恕,那么,生活就会过得更美好。

但是在现实生活中,做到宽恕别人对人们来说并不是一件容易的事。宽恕之所以很困难,是因为人们常常认为每个人都应该为自己犯下的错误付出代价,这样才符合公平的原则,否则就是便宜了犯错的一方。

事实上,不宽恕会产生诸如痛苦、埋怨、憎恨等消极情绪,这些情绪值不值得去承受?

有人伤害了你,而你却忘不了那件不愉快的往事,很长时间都痛苦不堪,那就表示你还要继续接受那个伤害。其实你是无辜的,所以你需要忘掉这不愉快的记忆,因为,只有宽恕才能使自己轻松。

要懂得,宽恕是一种停止让伤害继续扩大的能力,没有这种能力的人往往需要承担因为报复而产生的风险,并且这种风险往往难以预料。因此,避免痛苦的最好办法,就是宽恕曾伤害过自己的人。

宽恕不只是慈悲,也是修养,宽恕别人,同时也宽恕了自己。

有这样一个真实的故事:一位女企业家,发现身边的一位助手贪污了两万元公款。但她并没有指责这位助手,而是温和地询问:"最近家里经济情况怎么样?有没有什么困难?"她不仅亲切地关心这位助手,还拿出自己的几千元钱,让助手寄回老家去或留着备用。那位助手感动得热泪盈眶,主动交出了那笔公款,并解释了原因。后来他一直对上司忠心不二,作出了很多贡献。

当一个人不慎犯有过失或错误,并且造成不良的后果时,他自己也一定会有所认识。此时此刻,他最需要的是理解和信任,如果他人给予其理解和信任,不但不会使他放任自己,反而会激励他痛改前非,将功补过。这便是理解和信任的力量。

有句古话说得好,有容乃大。大海,正因为它极谦逊地接纳了所有的江河,才有了天下最壮观的辽阔与豪迈。像海一样宽容,那不是无奈,而是力量。宽容大度有一种感化作用,它能以情动情,用理解和信任唤起人的良知,使人自觉地修正错误。

宽恕的成本很低,收益却很高。憎恨的成本我们都没有计算过,憎恨带给我们的是伤害,也让我们付出很大的代价。而宽恕则避免了因争执而引起的不必要的麻烦,也给社会带来了和平、安宁。因此,当我们心里产生憎恨时,不妨去计算一下憎恨的成本和收益,那么,我们就会多一份平静,多一份爱心,去宽恕别人。

心灵悄悄话
XIN LING QIAO QIAO HUA

"开口便笑,笑古笑今,凡事付之一笑;大肚能容,容天容地,于人何所不容!"这是何等的气度与胸怀。

第六篇　转变观念，行动开创成功

　　观念是什么?观念就是你的价值观和信念，它是你走向成功的基础。价值观是一种个人信念，是人们判断是非黑白的信念体系。价值观引导我们追求想要的东西，主宰我们所有的思维及行动，影响我们对周围事物的一切反应与决定。

　　的确，当一个人改变对事物的看法时，对他来说，事物就会发生改变。观念是真正的主人，由于观念不同，个人的命运也会有很大的差别。不同的价值观，产生的个人体验和结果是截然不同的，因为观念可以影响我们的认知方法。因此，我们要及时转变自己的不良观念，获得更广阔的发展空间。

改变做事的态度

认真做人,用心做事,既是对工作的要求,也是做人的标准。做人贵在清白,做事贵在认真。用心做事,就是动脑筋做事情,用心处理问题,反映的是一个人做事认真负责和一丝不苟的态度,体现的是一个人的思想境界和精神状态。

如今,大学生感慨找工作难,但是却看不到自身的缺点,令用人单位大谈苦经。某资深人力顾问张女士在接受采访时告诉记者,待人接物有欠缺和不安于本职工作的大学生最让人受不了。她希望大学生在认真做事前要先学会做人。

张女士从事人力资源工作已有好几年,和大学生们打了几年交道,她说:"现在不愿招大学生,尤其是'好'学生。因为他们自恃好女不愁嫁,频繁跳槽。好多大学生进来一两年后就跳槽,能安安心心做上三五年的很少。"

另外,还有不少学生喜欢和别人攀比,看见同学的工资比自己多几百元就受不了,开始另谋出路。张女士希望大学生明白,在一个单位待上一年其实是学不到什么东西的,只有踏踏实实做上至少三年,才可能逐步积累经验,有所提升。

有一次,张女士到一所知名学校进行宣讲,并打算招聘相关的工作人员。不料,她在台上讲,学生就在台下讲,连基本的礼貌都没有。"说明他们根本不重视这个就业机会。"张女士当时直摇头。

还有一个名牌大学的学生到张女士所在公司的市场部实习,因为考虑到新人马上接触商业机密不太好,他们便安排这名学生做一些基础工作。三个月后,这名学生提出要做"更大的事",公司没有答应,于是他扭头就走人了。

还有一名"什么证书都考出来"的优秀大学生,在公司里担任法律顾问,但他从不和同事打招呼,不和他人沟通,"没人知道他在做什么",最后公司只好请他离开。

针对以上种种现象,张女士给大学生们开出一剂药方:**学会做人,学会沟通。**一些大学生进了单位,常常抱怨"怎么吃饭没人找我?"而不是主动融入同事中。求学期间,有家长、老师帮着他们;到了单位,什么都要靠自己。"人好比是树,工作环境是土,树根应该去适应土壤,而不是让土壤来适应树根。"张女士这样说道。

她还建议,人生定位要准确,要切合实际地考虑自己到底想要什么。与其不断跳槽,不如一步一个脚印地从最底层做起。大公司一般都有一整套的培养计划,公司垂青于那些有潜能,愿意和公司一起发展的员工。谁会喜欢第一年求着要进来,一年后和人力资源经理谈条件要这要那,公司不同意就要走人的员工呢?

以自我为中心,不尊重他人,特立独行,缺乏团队精神和主动精神,把这些不良习惯带到社会上、工作中,必然会遇到挫折。因为,学校和社会有着不同的文化,走出校园,走向社会,就要一切从头开始。只有学会做人,学会主动去适应社会,才可立足和发展。

那么,学会做人,认真做人,然后踏实做事,努力做事,是否就离成功不远了呢?

有人讲,认真做事,只能把事做对;而用心做事,才能把事做好。

不可否认,人的能力大小是有区别的,但人在做事时的态度是最为重要的,不认真的人就是再有能力,也会一事无成。任何事情,只要是分内之事,就应该认真去做,这是保证结果正确的基本态度。比如,现在让你去发一份传真,如果你心不在焉,就很容易导致号码错误、收件人错误,甚至造成工作的延误。再假如我们接收一个会议通知,如果简单地当一个传话筒,不去跟踪衔接,就有可能造成工作脱节、误事。像发传真、接电话这样简单的工作，如果不以认真的态度去对待，就会出问题。

用心做事和不用心做事的人所创造的个人财富、社会价值和受人尊敬的程度也截然不同。努力做事却不用心去做等于没做，最终不会赢得领导的欣赏和同事的尊重。只有用心去对待事情，对待工作，才能离成功更近一步。

马卡姆很小的时候就失去了父亲。面对生活的艰辛，他并没有沮丧。

他的第一份工作是送信。年纪还很小的他，竟然在三年中没有发生过一次失误。他一直有一个理想，就是希望自己能有机会在铁路上工作。为此，他开始学习和铁路有关的知识。后来，他被派去专门打扫站台。每天，他都穿一身蓝色的铁路制服，专注地做这件对他来说似乎过于简单的工作。

有一天，马卡姆像往常一样打扫着站台。他不知道，在他对面停着的一节车厢里，有一个人被他的工作态度吸引了。这个人是铁路巡回主任杰拉尔德先生。在以后的日子里，马卡姆更换了多份工作，每换一次工作，马卡姆都拿出十足的劲头——像打扫站台那样彻底，那样让人无可挑剔。最后，他当上了伊里诺斯中央铁路局局长。

杰拉尔德先生在谈到马卡姆时说，他没有见到过一个如此精心对待一项平凡工作的人，他使自己的工作焕发出不同寻常的光彩。

古人讲"业精于勤荒于嬉，行成于思毁于随""成大业若烹小鲜，做大事必重细节""古今事业必作于细，天下大事须成于实""智者之虑，虑于未形；达者所窥，窥于未兆"等，讲的都是用心做事、成就大事的道理。

"用心做事"是一种态度，它能使我们做好本职工作。也是一种思想境界，能使我们用思考的眼光来谋划未来。

"用心做事"是一种品质，一种人生原则，它能使人在工作、生活中学到更多的知识，把工作做得更加出色。

因此，我们从学校走向社会后，首先要学会认真做人，然后努力做事，做好本职工作,用心思考未来,这样才能把工作做得更好、更出色。

模仿是人类生存的本能,可以说任何人都离不开模仿。

从一方面来说,模仿可以让我们创新。我们已经通过模仿生物本来的特性,创造出一大批新事物。例如,鲁班根据小草叶上的锯齿发明了锯子;科学家模仿鱼鳔的原理发明了潜水艇,模仿蝙蝠的原理发明了雷达等。

但是从另一方面来说,只是一味地模仿还会让我们落伍。大到一个国家,一味模仿他国的发展模式,最终会走向落后;小到一个人,一味模仿就会失去自己的个性和长处。而一个人没有自己的个性和长处,其他方面再优秀也称不上是最优秀的,因为他的一切都是模仿别人的,总还有比他更优秀的人。

"邯郸学步"的故事告诉我们不要盲目模仿。别人的长处固然要学,但盲目地模仿,不仅学不到别人的长处,还会丧失自己的本性,得不偿失。因此,一个人一定要有自己的思想,不能盲目地跟随潮流。

要想学到别人的长处,又不想完全地模仿别人,最好的办法就是创新。我们提倡创新,但也不否定模仿。模仿是创新的开始,在模仿中创新,超越模仿,就会做到真正的创新。

事实上,"模仿"和"求异"并不是绝对的对立,往往是它们的共同作用才完成了创新。"求异"也不能简单地理解为反向思维,应当理解为一种寻找事物发展契机,寻找事物从一种状态、程度进入到另一种状态、程度的"转化点"的思维方式。

多年前,波特是诺基亚公司手机研发部的员工。研发部没有什么硬性指标,但薪水比其他部门拿得还多。尽管这样,他每天好像都不是很开心。有的同事忍不住问他原因,波特说:"我是在想,我们整天坐在研究室里,除了完成上面派给的任务,改进一下机型,就什么事也不做了,总是拿不出新创意,我倒是觉得不好意思了!"

"嗨,现在我们的手机已经是世界著名品牌了,不管是技术性能还是外观形象,早都深入人心,还上哪里去找创意?"同事们都这样劝他。但波特还是暗下决心："一定要让诺基亚在自己的开发下有一个质的飞跃。"有了这个非同一般的目标后，波特每天除了完成公司下达的任务外，满脑子都是考虑如何让诺基亚手机更符合消费者的需求。

一天，在地铁里他有了一个发现：几乎所有时尚男女都带着手机、一次性相机和袖珍耳机，这给了他很大的灵感："能不能把这三个最时髦的东西组合在一起呢？这样不是既轻便又快捷吗？"第二天上班后，他马上找到主管，对他说："如果我们在手机上装一个摄像头，让人们在听音乐的同时，把自己见到的所有美好事物都拍摄下来，再发送给亲友，那该多么激动人心啊！"主管听后，惊喜得高声叫道："好样的波特！我们马上就着手研制！"

这种具有拍摄和听音乐功能的手机很快被研制成功。它刚一推向市场，就大受青睐。就这样，波特不但实现了自身价值，而且，还得到了应有的奖赏。更重要的是，在实现目标的过程中，波特得到了从未有过的快乐。

模仿是创新的基础，模仿的最终目的就是为了创新。一个企业初期进行模仿是为了走安全而又高效的发展道路，但一味地模仿却不是一个企业走向强大的方式，只有进行创新，才能立于不败之地，建立起强大的企业形象。

心灵悄悄话
XIN LING QIAO QIAO HUA

我们可以进行模仿，从模仿中寻找自己的道路。但要想让自己变得强大，只有创新——模仿而不创新只会让自己永远落后于他人。因此，即使我们去模仿别人，也要有属于我们自己的创新。

用行动改变你的现状

安东尼·罗宾认为，人生伟业的建立，不在于能知，而在于能行。虽然行动不一定能带来令人满意的结果，但不采取行动是绝无满意结果可言的。

你可以确定你的人生目标，认真制订各个时期的目标。但如果不采取行动，你还是会一事无成。如果你不行动，你就像如下所述的这个人：此人一直想到中国旅游，于是订了一个旅行计划。他花了几个月的时间阅读能找到的各种材料——中国的艺术、历史、哲学、文化。他研究了中国各省的地图，订了飞机票，并制定了详细的日程表。他标出要去观光的每一个地点，每个小时去哪里都定好了。

他的一个朋友知道他很期待这次旅游。在他预定回国的日子之后的某天，这个朋友到他家去做客，问他："中国怎么样？"这人回答："我想，中国是不错的，可我没去。"这位朋友大感不解："什么！你花了那么多时间做准备，为什么没去呢？""我是喜欢订旅行计划，但我不愿去飞机场。所以待在家里没去。"

苦思冥想，谋划如何有所成就，并不能代替身体力行的实践。没有行动的人只是在做白日梦。对此，安东尼·罗宾指出，行动是化目标为现实的关键步骤。

心动不如行动，勇于迈出行动的第一步，你成功的机会就会提高。而光想不做，将永远没有实现计划的可能。

现在做，马上做，是一切成功者必备的品格。当你把目标写下来后，最重要的一步就是立即让自己行动起来。一个真正的决定必然是有行动的,并且还要立即行动,先别管要行动到什么程度,最重要的是要动起来,打一个电话或拟出一份行动方案都是可行的,只要在接下去的十天内每天都能有持续的行动。当你能这么做时,这十天的行动必然会形成习惯,最终把你带向成功。

有一个刚从烹饪学校毕业的学生,他知道厨师是一个实践性很强的工作,因此很希望有机会多操作。可是他跑了很多单位,也没找到工作,于是他想了一个绝招。他来到一家名气很大的酒店,要了很多菜,最后说自己没钱结账。他拿出毕业证,和经理说:“要钱没有,要么我给你打工还钱吧?”经理便要他以两个月的工作为代价偿还餐费,就这样,他作为新厨师开始上班了。

他肯干,脏活累活抢着干,很快大厨就喜欢上了他,收他为助手,最终这个年轻人成了星级酒店的主厨,并获得多个奖项。所以说,如果你想在某一行业内学习,那么就学习这个年轻人,想办法投入到这个行业中去工作、学习。

这个年轻人为了能进酒店,做自己喜欢的工作,且不评论他采取的绝招是否可行,关键是他敢于行动,敢于尝试用这一方法帮助自己成功,如愿地得到这份工作。果不其然,他通过自己的实际行动,为自己开创了一片天地,获得了成功。

在我们的内心深处,每个人都会有自己的目标,不过有的人将它明确,有的人将它模糊,有的人甚至将它淡忘。目标明确的人,他们会付诸行动;目标模糊的人,他们会得过且过;淡忘目标的人,他们可能会绝望。有了目标,有了态度,最重要的是要去实施,只有行动才能实现一切。“梦里行了千里路,醒来还在床上。”这句话对我们来说是个很好的警示。行动起来,目标才有实现的可能。只有努力把目标付诸行动,才能看到是否有成功的希望。如果连尝试也不去尝试,哪有成功之说。

百说不如一行,心动不如行动。行动是实现目标的唯一途径。有了大大小小的各种目标,日常的行动就要开始了。没有行动,再美好的目标也是海市蜃楼。

行动可以增强我们的信心。很多人害怕行动出错，内心迟疑而不敢行动。须知，成功人士之所以成功，就是因为他们犯的错误比一般人多。要知道，大量的行动能使你尽早积累各方面的经验，更快地积累人脉关系和专业知识，更快地领悟成功的真谛。

行动可以引发行动。每一个行动前面都有另一个行动，这是千古不变的自然原理。我们的梦想由一个个小小的目标组成，一个个小目标的完成推动着下一个目标开始，推动着你一直往前行动，离梦想越来越近。

行动，还是提升自我、完善自己的一条途径。我们要达到自己的人生目标，就必须在朝向目标迈进的过程中，历练自己的能力和智慧。要明白，一切成功都不是天上掉下来的美事，而是经过了生活中大量的磨难，使自己具备了成功者的素质之后，水到渠成的结果。怕苦怕难的人，注定不会成功。

在很多时候，不成功意味着更大的痛苦。明白了这一点，积极采取行动就成为自然而然的事。同时，我们可以享受行动带来的乐趣：自我的成长，朋友圈子的增大，能力的增加，智慧的累积，学识的提升等。可以发现，不仅成功是美好的，走在成功之路上，享受离目标越来越近的感觉，也是十分美妙的。

心灵悄悄话
XIN LING QIAO QIAO HUA

　　有梦想，就行动，坚持行动，就会实现梦想。有目标就立刻采取行动吧。因为，播下一颗行动的种子，你将收获一种习惯；播下一种习惯，你将收获一种性格；播下一种性格，你将收获一份成功。

勇气的柔和之美

勇气并不排斥温柔。勇敢的男子身上的温柔也并不比女子少。查尔斯·纳皮尔很尊重他人,绝不拿他人开玩笑。他的兄弟,历史学家威廉先生也同样如此。詹姆斯·奥特勒姆被查尔斯·纳皮尔称为"印度的贝亚德",即集勇敢和柔和于一身的人。他敬重妇女、尊老爱幼、善待弱者,鄙视堕落、反抗邪恶。正如富尔克格·富维尔评价西尼那样:"他崇高的品格无与伦比,他是征服者、改革者、开拓者,他的每一次行动都那样伟大而勇敢,而且他的最高追求是为国家为人民鞠躬尽瘁。"

爱德华王子取得了波伊克尔战争的胜利之后,居然设宴款待他的俘虏——法国国王和王子,还坚持从旁服侍。这一谦恭举动完全赢得了法国国王和王子的心,就像在战场上用勇敢俘获他们的人一样。事实上,年轻的爱德华王子已经是个真正的勇士了,他勇气非凡、风度翩翩,是那个时代骑士的典范。他高尚的品质还体现在他的座右铭上:"崇高的精神和虔诚的服务。"

勇敢的品格使人宽厚慷慨。纳斯比战役中,费尔·法克斯将缴获的敌方军旗交由一名普通士兵保管,那个士兵居然吹嘘是自己得到的,费尔·法克斯听到后并不生气,反而说:"让他吹吧,反正我的荣誉已经够多的了。"

道格拉斯在班洛伐本战役中,看到战友伦道夫寡不敌众时,立即予以援助。一旦击退了敌军,他就对部下说:"好了! 我们来的太迟了,帮不上什么忙了。我们不要分享他们辛辛苦苦得来的胜利果实吧。"

本·约翰逊困厄不堪的时候,国王派人给他送去了微不足道的祝福

和一笔赏金。率直的诗人毫不犹豫地说："他一定是看我住在穷巷里才送我东西,其实,真正住在穷巷里的是他的灵魂。"

依照我们的观点,勇气在品格的形成过程中扮演着重要的角色,它不仅是生活之源,而且是幸福之源。人生的不幸之一就是怯懦。所以明智的人总是要把他们的子女培养成无所畏惧的人。可见,无所畏惧的习惯和注意力、勤奋、钻研精神、快乐的习惯一样,是可以培养的。

其实,生活中的很多恐惧都是自己幻化出来的。很多困难本可以用勇气去摆平,可是幻想出来的恐惧使我们退却了。所以,我们要控制这可怕的想象,不要让想象创造出来的负担压得无法喘息。

通常,勇气教育并没有被纳入女子教育之中。可是,我们要知道,勇气教育比音乐、法语,或是象征着君主权力的小金球更重要。我们并不赞同理查·德斯尔的观点,他说女子应该温柔可爱且胆小自卑。我们说,女子应该接受勇气教育,从而更加自强和快乐。

胆怯和恐惧不是什么可爱的东西。无论是意志上的懦弱,还是身体上的软弱,最终都是兴趣的绊脚石。除了极其温和亲切之外,任何形式的恐惧都是卑鄙可憎的,唯有勇气是高贵而有尊严的。艺术家阿里·谢弗曾写信给女儿说:"亲爱的女儿,一定要勇敢些、热情些、温和些,这些是女孩真正高贵的品质。每个人都会遇到麻烦,但无论幸福或是痛苦,都应该举止端庄,活出尊严,这才是看待命运的正确方法。就算命运对我们和我们所爱的人不利,我们也不能失去勇气。不懈的奋斗,这是生命的真谛。"

在疾病缠身和痛苦悲伤的时候,是女子最勇敢,也最少抱怨,她们像男子一样以坚忍和勇气与不幸作斗争。但现实生活中,她们往往会受着细微恐惧和琐屑烦恼的折磨,久而久之,会使她们产生不健康的情感倾向,甚至毁灭她们的生命。

矫正这种不健康的情感倾向的最好方法是加强她们的道德修养和心理训练。女子品格的发展和男子品格的发展一样,都少不了精神的力量。它能使女子在紧急情况下镇定沉着地开展行动,并取得有效成果。女子用品格捍卫美德和信仰。虽然青春易逝，但品格永远焕发出迷人的光彩。

本·约翰逊的诗显示了一个女子高贵的形象："我心中的她彬彬有礼、温和谦逊；我心中的她宽厚友善、古道热肠；我心中的她机智勇敢、魅力无穷；我心中的她纺纱织布、量体裁衣、无所不会；更重要的是，她主宰着自己的命运，拥有自由自在的生活。"

大多数情况下，女子的勇气都藏而不露，不过在一些特殊情况下，她们身上一样显现出英雄的坚忍。曾有个叫格特鲁德·冯德沃特的女子，她丈夫因被错判为暗杀艾伯特皇帝的帮凶而被处以车裂。临刑前，她一直陪伴着丈夫，两天两夜不曾离去，勇敢地对抗着皇帝的怒火和凛冽的寒风，因为她深知丈夫的清白。

但女子的勇气并不都是这种因爱而生的勇气，当责任感和使命感逼近时，她们也极富英雄气概。当追杀詹姆士二世的反叛者闯入他在珀斯的住所时，这位国王只好让女眷守卫大门，以便给他充足的时间逃跑。那些反叛者先前就破坏了门锁，用钥匙无法打开；当他们闯入女眷们的房间，门闩已被移走。此时，勇敢的凯瑟琳·道格拉斯用胳膊当门闩，阻止反叛者前进，她一直坚持到手臂被砍断。其他的女眷也英勇抵抗。

夏洛特·德特里·莫莉捍卫莱瑟家族的斗争，也是体现高贵女子的英雄气概的典型例子。当议会军队劝她投降时，她说她答应过丈夫要保卫家庭，除非她丈夫下令，否则绝不屈服，而且坚信上帝的保佑和解救。在布置防御工事时，没有一件事因她的疏忽而被漏掉。她在忍耐中显示着一份刚毅。这位威廉·拿骚和科里奇海军元帅的光荣子嗣，就这样坚守了家园整整一年，其间还有三个月的猛烈轰炸，直到国王的军队击退了敌军，这场防御战才算结束。

至于富兰克林夫人的勇气，我们也早已铭记在心。就算其他人都认为寻找富兰克林的下落已是天方夜谭，她仍不放弃努力，最后，皇家地理学会决定授予她"发现者奖章"。其时，她的好友罗德里克默奇森说："富兰克林夫人优秀的品质一直感动着我，她屡败屡战，毫不气馁。经过12个漫长春秋的探险，终于发现两大事实，即她的丈夫穿越过无人横越过的海洋,并在一条西北通道中丧生。所以她得到这个回报完全是她应得的荣誉。"

那种恪尽职守的勇气更多地表现在女子所做的一些鲜为人知的仁慈之事上。她们只是悄悄地将这些事干好,远离公众的目光,也不期待得到什么荣耀,所以,一旦荣誉降临,她们反倒觉得是一种负累。有谁不知道探监者福瑞夫人和改革家卡彭特夫人?有谁不知道倡议海外移民的奇泽姆夫人和赖伊夫人?又有谁不认识倡导医护事业的南丁格尔小姐和加赖特小姐?

这些女子走出家庭生活,从事慈善事业,这正是一种道德勇气的体现。似乎女子就应该文静优雅,生活于家庭的小圈子中,可是在她们想去寻找更广阔的天空时,谁也无法阻拦。人们可以凭着一颗热情之心帮助左邻右舍,而她们从事慈善事业是作为一项义务在履行,并不是有意的"选择",完全是出于良心,不求名,不为利,只求问心无愧。

在众多的监狱探访者中,比起福瑞夫人,萨拉·马丁并不那么出名,但实际上她的工作做得极为出色,充分显示了女子的忠诚和勇气。

萨拉出身贫寒,很早就失去双亲成了孤儿,只和祖母相依为命。在雅茅斯附近的卡斯特替别人做针线活儿维持生计,但每天只能赚到可怜的1先令。1819年,一位妇女因虐待孩子而被判监禁,关押在雅茅斯监狱中,这一事件顿时成为小镇上人们茶前饭后的话题。萨拉,这位年轻的缝纫女工被这一审判报道所深深触动,产生了想去监狱探访并引导这位母亲的念头。以前,她每次经过监狱的围墙时,总有一股进去探视犯人的冲动,她想给他们念《圣经》,以便帮助他们重返社会。

终于有一天,她无法抑制内心的冲动,决定进去见一见那位囚犯母亲,于是她跨进监狱的门廊,敲了敲门环,请求看守让她进去,可是被拒绝了,她没有灰心,又重新返回监狱,再一次提出她的请求,这一次她得到了许可。一会儿工夫,那位母亲就出现在她面前。当这位囚犯母亲得知萨拉的来意时,被深深感动了,泪流满面地向萨拉道谢。也正是这些感动的泪水和感激的话语,影响了萨拉的一生。从此,这位贫穷的缝纫女工一边做针线活儿维持生活,一边利用空闲时间去监狱探视囚犯,努力感化他们,帮助他们改邪归正。那时并没有什么牧师和女教师,但萨拉同时扮演着这两个角色,给他们朗读《圣经》,教他们读书写字。除了闲暇时间和星期天,萨拉还特地在一星期中抽出一天来做这些事,她说:"这是上帝的祝福。"她教女犯们编织、缝纫及裁剪技术,把她们生产的产品拿出去卖,赚回来的钱用于生产原料的购买和继续从事她的教育工作;她也教那些男囚犯们编织草帽和各种男式便帽,制作灰棉衬衫,缝缀各色布料,这样,他们就不会无所事事,而且懂得重新做人的乐趣。萨拉从这些产品收入中取出一部分设立了一个基金,用于犯人出狱后安排工作,使他们能靠自己的诚实劳动立足于社会,同时,萨拉也感到了无比的欢欣和满足。

由于萨拉把太多的心血都倾注于她的狱中工作,以至于服装制作业务明显下降,这使她面临了一个难题,是暂停狱中的工作,恢复她的服装业,还是继续专注狱中工作呢?萨拉毅然选择了狱中工作,她说:"我早已权衡了这其中的利害得失。我给那些犯人传授真知的时候,我感到是一个很富有的人。这是上帝的旨意,我不得不做。而我个人的得失简直微不足道。"萨拉仍然每天花 6~7 个小时帮助那些囚犯改邪归正,使他们在出狱后正常地生活与工作,并成为有用的人。有时新囚犯桀骜不驯,但萨拉都以耐心和宽容赢得了她们的尊重和合作。无论是屡教不改的惯犯,衣冠楚楚的伦敦扒手,失足成恨的少年,还是吊儿郎当的水手,行为放荡的女子,走私者和偷猎者,都受到她爱的感化,第一次拿起笔来写字。**她赢了他们的信任,倾听他们的哭泣和忏悔,给予他们坚定的信心,引导他们走入正途。**

在从事这项高尚工作的 20 多年里,这位诚挚善良、古道热肠的妇女,几年没有得到任何鼓励和支持。她只是靠她祖母留下的每年 10~12 英镑和微薄的制衣收入维持生活。在萨拉从事狱中工作的最后两年,雅茅斯镇长得知她的工作为政府节省了配备监狱牧师和教师的法定开支后,决定支付她 12 英镑的年薪作为报酬。但这一举动却深深伤害了萨拉的感情,她并不想成为政府的带薪管理人员。

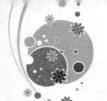

然而,当局的监狱委员会很粗鲁地告诫她:"你要是不想被赶出去,你就必须接受这个条件。"这样,萨拉成了年薪12英镑报酬的监狱管理人员。但当时萨拉已经年老体衰,加上监狱的不良环境,两年后她就倒下了。临终之际,她重拾写作之笔,创作诗歌。从文学作品角度看,她的诗并不出色,但字里行间都倾注了她满腔的热情。其实,她的一生就是一首极其美妙高尚的诗——充满了真诚、勇气、坚毅、慈爱和智慧。

她的人生诗篇正印证了她的一句话:"愿所有人都能幸福。"

心灵悄悄话
XIN LING QIAO QIAO HUA

许多事情的性质都由做事的方式而定。慷慨无私地做一件事,就会被人认为是友善的举动;满腹牢骚地做一件事,就会被人们看作小气。

把自己想象成一位成功者

"心像"为我们提供了一个实践新特点、新态度的机会，而这些东西我们通过别的手段却无法实践。之所以存在这种可能性，同样是因为你的神经系统无法辨别实际经历和"生动想象"出的经历之间有何区别。

如果将自己刻画成在按照某种特定方式做事，那么我们在实际生活中的表现就会与此不相上下。"心像"的威力和现实实践差不多。

我第一次发表这样的观点、别人也开始发表这样的观点时，它还只是一个地地道道的想法：人可以在自己的想象力中历练，并在客观实践过程中取得与其相当的成果。如今，这一观点已经广为接受，而且被无数试验和实验所证明。各类运动员都不时地依赖精神练习或想象练习。比如，我们可以想起理查德·库普博士提出的给高尔夫球手的建议，内容如下：

在每次开始击球之前，你需要有一幅"心像"，描绘你希望高尔夫球在你将球杆顶端击向球之后作出怎样的反应，你那一击会有怎样的效果，你需要对它有一个明确的、积极的"直观显示"。画面中应该表示出球飞行的弹道、方向、你希望它下落到的地点、当它落地后你希望它滚多远……如果刻画一击后那一段时间内球的运动对你来说很难，你可以显现出一条曲形大马路，它的曲度和你希望高尔夫球的滚动路径的曲度相当。在这种"直观显示"中，你的选择只会受到你想象力的限制。你可以把果岭看成一个带有旗杆的软垫，准备接收你击出的球……你要找到能为你所用的直观图像。"直观显示"是高尔夫心理学最个性化的指标之一。

美国高尔夫球员杰克·尼克劳斯说过："我每次挥杆击球之前，头脑中都必须先有一幅清楚分明的图像。首先，我要'看到'希望球最终停留

169

第六篇　转变观念，行动开创成功

的位置,然后,我要'看着'它前往那个位置、它的弹道和着的过程。随后一幕'场景'要让我看到挥杆的姿势,而且这种姿势要将前面的画面变成现实。"请注意这位金熊奖获得者对自己现实中所做的事情的描述、库普博士的指示和本书中的指导是多么惊人地相似。

我已经针对精神练习和想象力练习制订了一套非常具体实用的强化训练法,即使用我称之为"精神影院"的方法(我在本书的后面还要讲)。库普博士也曾描述与我在 20 世纪 50 年代末讲授过的"过电影技巧"(我在本书的第一版中还介绍过这一技巧)相同的知识。杰克·尼克劳斯用了"场景"这个词:他把自己成功地挥杆击球过程当成一个小小的"精神电影"演完,就是说。离开现实中实实在在的击球而到"精神影院"看"电影",然后再回到现实中,去体验那种在思维中似曾相识的感觉。在刊登于 2000 年 7 月《高尔夫杂志》的一篇文章中,杰克·尼克劳斯说:"我喜欢将自己的这种练习方法称为'拍电影'训练法。这种方法在你的头脑里越是根深蒂固,你就越能在现实中打出你希望打出的好球。"他在自己发明的"四步法"的第四步甚至说:"那部完整的'电影'告诉你哪只球杆合适,你就选择哪一只。"

了不起的是,杰克·尼克劳斯找到了自己与我所描述的"过电影技巧"几乎完全一致的方法,甚至进一步向前发展,把选择正确的球杆这种烦琐的小事都交给他的自动成功机制去办,而不是试着让意识去做决定。我之所以说"了不起",是因为据我所知。尽管尼克劳斯先生很可能受到过许多高尔夫球员以及他们教练的影响,但他从来没有读过这本书。不过,说起来也谈不上多么"了不起",因为事实上,几乎一切能到达运动巅峰的运动员,都能通过某种方式,找到学会这种技巧的途径。

随后不久,我们将进一步讨论这些"精神电影"的细节。请允许我首先向你介绍一些完全支持想象力练习观点的科学记载。在我读过的最早的某个受控试验中,心理学家 R·A·汪达尔证明,向标靶投掷飞镖的精神练习(在这种练习中,投靶人每天要在标靶前面坐上一段时间,脑海里想象着往上面投飞镖)能提高投掷的命中率,其程度就像实际扔飞镖那样高。

《科学季刊》曾报道一个实验,研究精神练习在提高篮球的罚球技能时所起的效果。第一组学生连续20天每天坚持实地练习罚篮,并在第一天和最后一天计算得分。第二组学生也在第一天和最后一天计算得分,但在之间的十几天里不进行任何练习。第三组学生在第一天计算罚球得分,然后每天花20分钟想象自己将球罚进篮筐。如果想象中球没有罚进,他们就想象自己对罚球过程相应地进行纠正。

每天坚持20分钟实地罚篮练习的第一组学生,其罚球得分最后提高了24%;中间阶段不进行任何练习的第二组学生,最后一天计分时没有任何提高;只通过想象练习罚球的第三组学生,其罚球得分竟然也提高了23%!

这个奇特的实验曾经被人们四处报道和提及,而且在此后多年,在许多大学经常被人们挂在嘴上。当然,这样的实验结果未必靠得住,毕竟沙奎尔·奥尼尔那么低的罚球命中率始终是个不解之谜!然而,尽管其科学性值得怀疑,对想象力练习的运用则是一门很有效果的科学,事实证明,它是提高技能、改善根深蒂固的"真理"从而得以改变行为的实际手段。

心灵悄悄话

XIN LING QIAO QIAO HUA

我们的行为、感受和举动是自身形象和信念导致的结果。认识到这一点,就为我们提供了一个杠杆。而心理学在改变人的性格时总是少不了它。这个杠杆为我们打开了一扇强大的心理之门,通过这道门,你可以得到技能、成功和幸福。

用快乐替换你的抑郁

从前有一位老妈妈,她有两个儿子,都是做生意的。大儿子卖雨伞,小儿子卖扇子。每当晴天的时候,老妈妈就发愁了:这大晴天的,大儿子的雨伞可怎么卖呢? 若是到了雨天,老妈妈又犯愁了:这阴雨天,我的小儿子可怎么卖扇子呢! 老妈妈天天都愁眉不展。有一天,一个智者听说了这件事,就对老妈妈说:"您应该换个角度想,如果是雨天您就想,下雨了,大儿子可以卖好多雨伞了;如果是晴天您就想,这下好了,小儿子可以卖扇子了。"后来,老妈妈照这样去想,果然每天都喜笑颜开,一直活得很开心。

忧虑、高兴、害怕和愤怒等都是我们对环境的一种反应,也是我们生活中常见的情绪。为什么老妈妈在同样的情况下却有不同的情绪呢? 这说明人的情绪是可以调控的。

人生难免有很多不如意,人的承受力也是有限的,有时候难免会感到消极沮丧。遇到自己消极的时候,该怎样让自己变得积极呢?

在拿破仑·希尔的《成功学全书》中,提到了一个 PMA 黄金定律,也就是积极的心态。拿破仑·希尔指出,人与人之间只有很小的差异,但这种很小的差异却往往造成了巨大的差异。很小的差异就是所具备的心态是积极的还是消极的,巨大的差异就是成功与失败。一个人如果心态积极,能乐观地面对人生,乐观地接受挑战和应付麻烦,那他就成功了一半。

我国古老的哲学思想就指出,一阴一阳谓之道。有阴必有阳,有坏的一方面,也必有好的一方面。西方分为积极和消极。同样是半瓶水,你为什么看到的是空的那部分,而没有看到有水的那部分? 况且,思想并不像半瓶水那么简单,而是遵循着阴消阳涨,阳消阴涨的规律。大脑中如果天天充斥着消极的思想,积极的思想就会越来越少。所以,只有让你的积极思想变得越来越多,消极思想才会越来越少。

我们常常看到"忧郁型"的人,天天都认为一切都不够完美。他们感叹世间没有完美的东西,所有的事物都是那么的不和谐,因此,天天都是郁闷的心情,天天阴沉着一张脸。这种人由于经常处在忧郁消极的思想里,所以很难快乐起来。相反,我们再看"活泼型"的人,他们天天都笑脸相迎,是愉快乐观的人。我们很少能看到他们有消极的时候,即使是有痛苦的事,他们也会很快回复到快乐的心情。

保持乐观将会对自己的人生有极大的帮助。看看那些成功人士,他们都是以积极的态度面对生活和工作的人。

其实,消极与积极只是两种不同的处事态度。积极是被发现出来的。

有两个年轻人从贫困的农村来到城市谋出路。第一个人的感觉是:这里连水都要花钱买,我根本就没办法在这里生活。于是,他离开城市,回家种地去了。而另一个人却想:这里连水都可以卖钱,我肯定能在这里赚到大钱。后来,第二个年轻人果真赚了大钱,开创了自己的事业。所以,我们要培养自己分析问题的能力,从积极的角度看待事物。

在日常生活中,我们要积极,就要多和积极的人在一起。交一些有积极思想的朋友,远离消极的人。消极的人不但不会给我们带来帮助,还有可能影响我们前进的脚步。积极的人则像太阳,会照亮身边的人,让人们受到他们的感染。

约翰和玛丽是同事,假期相约一起去山顶看日落。刚过中午,他们两个人就整装待发,带上了充足的饮用水和食物,朝着山顶走去。那天游人很多,山路上的人络绎不绝。

这座山很高很大,而且观看日落的地方是一个悬崖峭壁的顶端。山路曲折蜿蜒,突出来的山峰有时会把太阳遮住。约翰和玛丽一开始还很有力气,毫不停歇,但山路的崎岖渐渐让两人感到行走艰难。到了高处的时候,他们不得不走一段歇一段。走了很久,群山遮住了一切,离山顶还

有好一段路要走。也不知道太阳是不是落山了,他们就问下山的人:"山顶还能看落日吗?"

"能啊。"下山人回答道,"正是好时候呢!"

二人一听很高兴,顿时来了精神,鼓足劲儿朝山顶走去。又过了不知多长时间,终于到达了山的顶峰。可是约翰却发现,太阳早就落山了,暮色已经笼罩了四周。约翰非常恼火,不住地抱怨,出发时的高兴劲儿一扫而光,他沮丧得不得了。这时,他听见玛丽的赞美声,很纳闷地问:"你这人真是的,白白地爬上来,日落看不到了,还这么高兴。"

玛丽说:"是啊,日落是看不到了,但是我看到了满天的星斗朝我们眨眼睛呢!我好久没有看到这么多星星了啊,真亮。你瞧,我们花这么多时间爬山,总算没有白白浪费。"

心灵悄悄话
XIN LING QIAO QIAO HUA

　　当你认为自己很糟糕的时候,请想一想比你更不幸的人。有这样一句话很能给我们触动,有的人因为没有鞋子而哭泣,却不知道有人没有双脚。心情不好的时候,我们可以听一听鼓舞的音乐,使用自我暗示,相信自己具备无限的潜力,没有人能战胜你,除非你自己。

苦难改变人生

"天将降大任于斯人也,必先苦其心志,劳其筋骨……"若要在事业上有所成就,就得经受各种困难痛苦的考验。只有这样,我们才能站稳脚跟。隐藏躲避的美德表现不出其价值,相同地,归隐山林之人常让人产生懦弱胆怯、庸俗懒散的嫌疑。**真正的勇敢的人,应坦然面对一切,履行职责,懂得奉献。**

在日常生活中,只有积极地参与各种活动,才能学到切实有用的知识,增长见闻。大家也必须意识到自己的责任,知道遵守法规,学会忍耐鼓励。实际生活中形形色色的诱惑、艰辛和不幸,会让人们变得更加坚强,并从苦难中学到行之有效的东西。如果想正确地认识自己,就必须同他人保持联系和交往。只有让自己融入社会生活,我们才能真正地了解自己。反之,很可能会固执己见、目空一切。把自己封闭起来,故而迷失本性。

斯威夫特曾经说过:"倘若一个人能够认清自己,公正地评价自己,那他绝对不会走上歧途。相同道理,连自己都不了解的人,也很难称得上品质高贵。"实际生活中,人们更容易衡量别人而不是自己。

由此可以看出,拥有自知之明是人们成功的前提条件,大家都必须有坚定的立场。弗雷德里克·伯瑟斯就对一位年轻的朋友说过:"现在你只知道自己是做什么,当你感到自己力不从心的时候,就会有所成就了,你就可以平静地面对一切。"

虚心的人会善于向他人学习,借鉴别人的经验和成果。只有那些骄傲自满、鼠目寸光的人,才羞于向他人讨教,不去学习他人的优点。这种

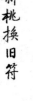

人也很难有作为，甚至连生活中常碰到的问题都不能很好地解决。我们应该广开言路、集思广益、博采众长，乐于向有智慧的人请教。

生活常识的获得，要求人们要有足够的耐心和细心，而不是很高的智慧或很强的能力。黑兹利特认为，精明的商人和老道、世故的人，通常都是比较明智的。他们看问题时都会以自己耳闻目睹的事作为出发点，而不是平白无故地想当然。

在一般情况下，女性的直觉要比男性灵敏得多。她们有强烈的同情心，直觉也迅速、敏锐，因而她们的感情是变幻莫测的。虽然有时欠缺理性的思考，但女性的温柔和圆滑却在很多时候都能驾驭狂荡之徒。

人生犹如一个学校，大家都是其中的一名学生，对一些制度和规定或许我们不能认同，尤其是在规定和教导的"老师"又令人感到无奈、痛苦、乏味、无趣时，但谁都无法超越这一切，都必须经受考验和磨炼，最终获得经验和教训。我们还能得到些什么好处？有没有提高自己的知识和勇气，有没有增强自我控制能力？答案是肯定的。一个经历了不幸和困惑的人，会有丰富的体验，他们更懂得珍惜生命。马沙林欧基曾说过："时间和我共存亡。"人们说，时间能抚慰受伤的心灵，带给我们美好。时间是最优秀的教师，是智慧的沃土，是经验的肥料。它是青年人的挚友或仇敌，对老年人来说，他永远是个安慰。人生是否充实有意义、有价值，关键看你如何把握时光。

乔治·赫伯特说："时间，碾碎了年轻人的美梦。"因为在他们眼中，生活是美好灿烂的，整个世界都充满欢乐和笑语。但是，时间会把生活中的阴暗面赤裸裸地呈现在他们眼前，让他们明白人生的悲哀，不过，乐观开朗、坚定自信的人知道，生活不会都是悲伤和不幸，他们可以击败种种阻碍，得到真正的幸福！这些人坦然地面对痛苦和重任，任何时候都能昂然挺立！

生命需要热情和活力，但岁月却无情地冷却人们的激情。使之不断地成长为一种平和、克制的心境。加以正确的引导，它就是健全人格的一个重要标志。激情洋溢的人，通常都是活力四射、公正无私的；而惟利是图、自以为是，通常是心胸狭窄的代表。后者的生活充满了铜臭味，见不到生机勃勃的春天。若一个人做事情时没有任何激情，那他就不可能会取得成功。火一样的激情能提高办事效率，坚定人们的信心和决心，走出困惑和迷途，并帮助人们养成恪守职责的美德。

亨利·劳伦斯先生说："如果人们都能正视生活，就可能宽容地对待挫折和失败……从激情和气概中获得奋斗的力量。"亨利先生还说过，要积极地培养和教导青年人的激情。要将浪漫气质和现实气质有机地结合在一起，前者会引导人们走向光明辉煌的前程，而后者则让他们获得行之有效的途径。

约瑟夫·兰开斯特是个个性鲜明的人。14岁那年，他就通读了《奴隶贸易中的克拉克森》一书，而且下定决心，以后一定要回西印度群岛教贫穷落后的黑人读《圣经》。于是，他就揣着《圣经》和《天路历程》离家出走了，当时他的口袋里仅有几个先令。成功抵达目的地后，关于如何进行自己的工作，他感到茫然。他的父母忧心如焚，得知其行踪后，就马上把他带回家去了。但是，这丝毫没有减弱他的激情，相反，他从那时起就一直投身于慈善事业，让贫困的人们也得到良好的教育。20岁时，约瑟夫就创办了他的第一所学校，招收附近贫困人家的小孩，人数远远超出意料之外，他不得不连续租用了很多房子。而且家长们可以根据自家的实际生活情况付学费，甚至是免费。约瑟夫·兰开斯特真可以称得上是我们国民教育体制的先驱者。

在成就伟大事业的过程中，是热情赋予我们所需的力量。没有它，我们就很可能向困难低头。如果非凡的勇气和坚定不移的意志能与火热的激情相结合，相互鼓舞，相互促进，那他就可以无所畏惧，从容面对所有困难和危险。哥伦布就是一个突出的例子。他非常勇敢，并且满怀激情。他坚定地相信世界上仍有未被发现的大陆。因此，他勇敢地将之付诸实践，扬帆到陌生的海域去寻找新大陆。但他身边的人却感到恐惧，并威胁说要把他扔到大海里去。不过，哥伦布依然坚持己见，最终他的想法变成了现实。

　　真正的勇士是不可战胜的，为了胜利，他们会不惜代价。人们只羡慕成功者的鲜花和掌声，却不知道成功的背后隐藏着多少汗水和危险。当朋友称赞他的财产和好运时，元帅勒菲弗回答道："你羡慕我吗？你完全可以通过更简单的途径得到这些。你站到院子里去，我持枪站到 30 步外，向你射击 20 次。如果你没被打死，那我就把全部的财产都送给你，怎么样？你愿意吗？很好。请切记，我的成就是冒着生命的危险在枪林弹雨中取得的。我至少在更近的距离内被敌人射杀了 1000 次以上。"

　　伟人们无不是经历过苦难的磨炼后才有后来辉煌的功绩。是苦难锤炼了人们的品格，赋予人们行动的勇气和动力。日食能够衬托出彗星，相同地，时势也能造英雄。在某种情形下，突然降临的巨大苦难使天才瞬间长大成熟。而耽于逸乐中的人们，很可能会迷失善良、勤快的品性，逐步走向罪孽的深渊。

　　痛苦和不幸往往孕育着成功和斗志。在与贫困作斗争的同时，人们会变得坚强。卡莱尔说："那些躲在家里养尊处优的人，一味地逃避现实中的争斗，沉湎于自己编织的美梦，他们永远无法同在困难中作战的人们相比，只有勇敢地与贫困抗争的人才是真正的坚强能干。"

　　学者们常把物质上的贫困同精神食粮的匮乏相比较，其实，物质上的富裕更能使人心情沉重。克里特说："我热烈地欢迎贫困，请你们一定不要姗姗来迟。"贺拉斯也说过，正是贫穷激发他作诗的欲望，让他认识瓦纳斯、维吉尔和马西隆。麦克雷说："挫折会激发人的力量。虽然我跟维吉尔一样，穷困潦倒地生活了好多年，但我并不觉得自己很穷。"

　　西班牙人都会为塞万提斯遭遇的困顿感到庆幸。因为如果不是如此，他那些历史性的著作也就不会诞生。托莱多地区的大主教去拜访驻马德里的法国大使时，法国使馆里的绅士们都说，他们无比钦佩《堂·吉诃德》的作者，并渴望能认识他。他们得到的回答是，塞万提斯正在西班牙服役，十分辛苦，而且他的岁数已经很大，又非常贫困。法国绅士们大吃一惊："什么？塞万提斯先生居然是这般处境？他的著作《堂·吉诃德》没给他带来财富吗？""上帝不批准！"大主教回答说："只有贫困，才能给他创作的灵感，而且他个人的贫困能给全世界带来富裕！"

贫穷和挫折造就人们健康、美好的品格，唤醒人们沉睡的激情和活力。伯克是这样评价自己的："困难和失败不能让我服输，顺境和优势也不会使我变质。"在危急时刻，人们才能够最大限度地发挥自己的勇气和能力。同痛苦搏斗的过程中，我们获得了前进的动力。"

一个人是不可能永不衰败的，胜利是建立在一次又一次失败的基础上的。失败，能让明智的人更清醒、更科学地认识自己，从而更加聪明、理智。在失败中，我们可以吸取丰富的经验和教训。外交家经常说，教他们学会外交艺术的，是失败、挫折、攻击和围困。它们给人的启迪是任何箴言、建议和榜样所不能相比的。失败让人懂得了该做什么，不该做什么，这点在外交活动中是十分重要的。

要想有所成就，就必须勇敢地面对失败。你的勇气会让你遭到挫折时信心百倍，继续努力奋斗。塔尔马是个出色的演员，深受观众的喜爱。但他第一次登台表演却被观众的嘘声赶了下去。同样，现代最伟大的演讲家之———拉科达尔所取得的成绩，也是一次次失败的结果。蒙塔雷伯这样描述他的第一次讲演。那是在圣·罗奇教堂，他这次公开演说彻底失败了。听众们离开教堂时纷纷说："即便他才华过人，也不可能成为一个演说家。"但是，后来经过他不懈的努力和无数次的失败和尝试，最终成就了一世功名。距他首次公开露面的失败不过两年时间，他就站在了巴黎圣母院的演讲台上。自从波苏哀和马西隆时代以来，是极少有法国的演讲师能在巴黎圣母院演说的，但拉科达尔却做到了。

詹姆斯·格雷汉姆先生和迪士累利先生也是在别人的嘲笑声中走向成功的。遭受挫折时，他们毫不气馁，勤奋练习，多次失败后，终于成为著名的演说家。其实，詹姆斯·格雷汉姆先生曾经一度绝望地声称放弃这个职业。他对自己的挚友弗朗西斯·巴林说："我绞尽脑汁，希望能提高自己的即兴演讲水平，可我始终无法做到自然从容。为什么会如此呢？也许我根本就不可能成功地演说，更别提是成功的演说家了。"但是，他的坚持不懈让他同迪士累利一样，成为非常有影响力的演讲大师。

富有预见性眼光的人，发现自己在某方面的不足后，能很快地把精力放在其他领域。普里多在竞选德文郡马格伯罗教区执事失败以后，就全心全意地学习，最终成为伍斯特地区的主教。布瓦洛律师第一次为被告人辩护时，法庭下是一片哄笑，后来，他又尝试着去做教士，但也遭到同样的结果。可他并没有灰心，他开始努力从事诗词方面的创作，终于取得了成功。

同出一辙的，还有考珀。由于天性害羞、腼腆，他的第一宗案件的辩护也遭到了失败的厄运，但在英格兰的诗歌艺术方面，考珀却做出了巨大的贡献。孟德斯鸠和边沁也曾经尝试着去做一名律师，可都没能如愿。离开了律师这一岗位后，边沁给后代留下了一部关于立法程序的著作。报考外科医生失败以后，戈德·史密斯先生写了《无人居住的村庄》和《韦克菲尔德教区的牧师》。虽然演说没有成功，艾迪生却成功创作了《罗·德·科弗利先生》，同时，他还在《观察家》杂志上发表了许多独具慧眼的见解和论文。

心灵悄悄话
XIN LING QIAO QIAO HUA

　　苦难会鼓舞人们的斗志，使人奋发向上。懒散、麻木的人是很难获得成功的。因为成功的背后免不了许多困难和诱惑。它们教会大家要艰苦奋斗，要自制自律，要宽容忍耐。

让思维突破束缚

以前曾看过这样一则报道,说美国的大学生平时看上去学习不大用功,但写毕业论文时却常有独特的创新见解;而我国留美的学生平时学习很刻苦,学习成绩也很不错,但写毕业论文时却四平八稳,墨守成规,缺乏创新和突破。

为什么会出现这样的现象呢? 追根溯源,是由于我们的教育方法和长期形成的思维定式所致。

"思维定式"是由人们先前的活动而造成的一种对活动的特殊的心理准备状态。在环境不变的条件下,它有助于人们迅速解决问题,而当情境发生变化时,则会阻碍人们采用新的解决方法。作为对某一特定活动的准备状态,思维定式可以使我们在从事某些活动时相当熟练,甚至达到自动化,可以节省很多时间和精力。但同时,思维定式的存在也会束缚我们的思维,使我们只用常规方法去解决问题,而不求用其他"捷径"去突破,因而也会给解决问题带来一些消极影响。

有这样一个问题大家也许并不陌生:篮子里有 4 个苹果,由 4 个小孩子平均分,最后,篮子里还有 1 个苹果。请问:他们是怎样分的?

这个问题的答案只能是:4 个小孩一人 1 个。这个答案,许多人可能不服气:不是说 4 个孩子平均分 4 个苹果吗? 那篮子里剩下的 1 个怎么解释呢? 首先,题目中并没有"剩下"的字眼;其次,那 3 个孩子拿了应得的一份,最后一份当然是最后一个孩子的。至于他把苹果留在篮子里或者拿在手上,这并没有什么区别。

经常看到一些人为解答这类问题而绞尽脑汁。他们困于认识的"积

累性错误",而不能识破题目布下的圈套。由认识的固定倾向所产生的消极的思维定式,是禁锢人们思维的枷锁。

思维定式可能是对过去某一阶段的经验总结,是经过成功的经验或失败的教训验证的"正确思维"。但是当事物的内外环境发生变化时,仍然固守"正确的"定势思维却行不通了。不突破思维定式,就只能被原有的框架束缚,就不可能激发出创造思维并取得新的成功。

有这样一个案例。1952 年前后,日本的东芝电气公司一度积压了大量的电扇卖不出去,几万名职工为了打开销路,费尽心机地想了不少办法,依然进展不大。有一天,一个职员向当时的董事长提出了改变电扇颜色的建议。在当时,全世界的电扇都是黑色的,东芝公司生产的电扇也不例外。这个职员建议把黑色改为浅色。这一建议引起了董事长的重视。经过研究,公司采纳了这个建议。

第二年夏天,东芝公司推出了一批浅蓝色电扇,大受顾客欢迎,市场上还掀起了一阵抢购热潮,几个月之内就卖出了几十万台。从此以后,在日本以及全世界,电扇就不再是一副统一的黑色面孔了。

这个例子具有很强的启发性。只是改变了一下颜色,大量积压滞销的电扇就成了畅销品。这一改变颜色的设想,既不需要有渊博的科技知识,也不需要有丰富的商业经验,为什么东芝公司其他的几万名职工就没人想到,没人提出来呢? 为什么日本以及其他国家成千上万的电气公司,以前都没人想到,没人提出来呢?

这显然是因为,电扇自从被发明出来就都是黑色的。虽然谁也没有规定过电扇的颜色,但彼此仿效,代代相袭,渐渐就形成了一种惯例、一种传统,似乎电扇就只能是黑色的,不是黑色的就不称其为电扇。这样的惯例、常规、传统,反映在人们的头脑当中,便形成了一种心理定式、思维定式。时间越长,这种定势对人们的创新思维的束缚力就越强,要摆脱它的束缚也就越困难,越需要作出更大的努力。东芝公司这位职员提出的建议,其可贵之处就在于,他突破了"电扇只能漆成黑色"这一思维定式的束缚。

无独有偶,还有一个例子也能很好地说明突破思维定式可以使情况有所转机。

有家生产圆珠笔笔芯的工厂遇到了一个难题:圆珠笔在其芯内的油还没用尽前,钢珠就掉了。为此,这家工厂召集了许多高级技术人员探讨怎样延长钢珠的寿命,结果实验全部失败。正当厂长束手无策时,一个老工人建议:减短笔芯的长度,那么在钢珠的寿命结束前,笔油就已用完。这样一来,厂家的难题便迎刃而解。

人们经常把创新想象得太神秘、太复杂,并因此放弃创新,其实创新往往是最简单的。有了生活经验的积累,不受条条框框的束缚,就更容易想出简单有效的金点子。

法国著名歌唱家玛迪梅普莱有一个美丽的私人林园,每到周末总会有人到她的林园摘花、采蘑菇、野营、野餐,弄得林园一片狼藉,肮脏不堪。管家让人围上篱笆,竖上"私人园林禁止入内"的木牌,均无济于事。

玛迪梅普莱得知后,在路口立了一些大牌子,上面醒目地写道:"请注意! 如果在林中被毒蛇咬伤,最近的医院距此 15 公里,驾车约半小时即可到达。"从此,再也没有人闯入她的林园。

心灵悄悄话
XIN LING QIAO QIAO HUA

> 　　让思想冲破牢笼,就要胸怀凌云壮志,就要坚持高标准、追求高水平,就要解放思想,大胆创新。要明白,思想有多远,路就会走多远。让我们斩断种种羁绊,学会大胆创新,拥有崭新的生活。

第六篇　转变观念,行动开创成功

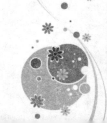